Chuangxin fangliie lun

创新方略论

王永生 著

人民出版社

封面题字:刘炳森

策划编辑:吴学金
责任编辑:李椒元　陈光耀
装帧设计:肖　辉
责任校对:王　惠

图书在版编目(CIP)数据

创新方略论/王永生著.–北京:人民出版社,2002.9(2011.8 修订)
ISBN 978 – 7 – 01 – 010083 – 8

Ⅰ.①创…　Ⅱ.①王…　Ⅲ.①创造学–通俗读物　Ⅳ.①G305-49

中国版本图书馆 CIP 数据核字(2011)第 145969 号

创新方略论

CHUANGXIN FANGLÜE LUN

王永生　著

人民出版社 出版发行
(100706　北京朝阳门内大街 166 号)

北京四环科技印刷厂印刷　新华书店经销

2002 年 9 月第 1 版　2011 年 8 月第 2 版　2011 年 8 月北京第 1 次印刷
开本:700 毫米×1000 毫米 1/16　印张:25.25
字数:208 千字　印数:00,001 – 10,000 册

ISBN 978 – 7 – 01 – 010083 – 8　定价:55.00 元

目 录
CONTENTS

序　言

　　中华民族是富有创新精神的民族，曾经创造了世界先进的文明成果和辉煌的科技成就。早在两千三百多年前，我国古代思想家墨子就提出了关于力学、光学、几何学的基本知识和现代物理学、数学的基本要素。我国古代的"四大发明"也远远超前于西方国家。几千年来，我们的先辈不断地提倡创新、实现创新，以自己独特的创新精神和创造成果，为人类文明进步做出了不可磨灭的贡献，形成了中华民族生生不息、发展壮大的强大精神力量。

　　我们党的三代领导人都十分重视创新，而且善于创新。毛泽东同志是一位极富创新特质的革命领袖，在领导中国革命过程中，始终致力于革命道路的探索和创新。他在领导新中国的科技发展过程中，也一直强调不能跟在别人后面一步一步地爬行，必须发扬民族的独创精神，打破常规，走中国自己发展科学技术的道路。为鼓舞激励科技工作者的创造性，他还提倡学术上要"百家争鸣"，通过学术争鸣，实现科学技术的创新与进步。邓小平同志是我国改革开放的总设计师，他极力倡导解放思想，并以创新的思维提出了建设有中国特色社会主义的理论体系，开创了社会主义现代化建设的新局面。江泽民同志进一步丰富和发展了毛泽东思想、邓小平理论，提出了"三个代表"重要思想。他站在时代发展的高度反复强调创新问题，多次提出："创新是一个民族进步的灵魂，是国家兴旺发达的不竭动力。"他还指出，有没有创新能力，能不能进行创新，是当今世界范围内经济和科技竞争的决定性因素。三代领导人的精辟论述是做好创新工作的强大思想武器。当前，我们国家进入了全面建设小康社会，加快推进社会主义现代化的新的发展阶段，面临着科技进步日新月异、综合国力竞争日趋激烈的严峻挑战。在这项前无古人的伟大事业中，我们一定要按照党的三代领导人指引的方向，坚持解放思想，与时俱进，勇于实践，锐意进取，大力弘扬创新精神、努力实现中华民族的伟大复兴。

《创新方略论》一书从什么是创新、创新的渊源和内涵，到为什么创新、怎么创新，以及创新的思维、途径和方法，进行了系统的阐述；既有历史的回顾，又有现实的分析，还有未来的设计；语言生动，立论新颖，是一部关于创新的好著作。书中包含了永生同志长期工作实践中对创新问题的深刻思考和勇敢探索。尤其是作者在繁忙的日常工作之余，能够就有关创新问题进行深入的研究和升华，形成了系统的论述，非常难得。可以看出，作者是一位勤奋好学、善于钻研、具有远大理想和抱负的年轻领导同志。我相信这本书的出版对于有志于开拓创新的同志会很有帮助。

二〇〇二年八月四日

创 · 新 · 方 · 略 · 论

　　创新是人类社会发展的永恒主题。只有创新才能超越。

第一章　创新思想

一、创新之源

综观人类的进步史和中华民族的发展史，不难发现，处于生机勃勃的发展时期都充满了人文科学和科学技术的创新。反之，死气沉沉，墨守成规，只能导致落后甚至失败。《易·系辞》中有句话："穷则变，变则通，通则久。"这无疑揭示了东方哲学的精髓和炎黄子孙变革求新的渴望。早在7000年前，陕西半坡村的先民，利用"重心"原理烧制了一种小口尖底的陶瓶，用于汲水和储水。这可能是带有科学意义的最早的考古发现，充分表现了先民的高度智慧和创新能力。正是这种创造精神才造就了中国古代文明以及中华民族的形成和持续发展。

创新的起源

创新之源存在于以创新行为为主体的智力方面，行为主体智力技能水平越高，这个源就越远，流则越长。行为主体智力技能与创新能力是源与流的关系。对智力问题的研究，早在中国古代就给予了关注，"心之知，谓之智"。古希腊唯物主义思想家毕达哥拉斯提出脑为心灵和理智的住所，19 世纪初的解剖学家盖尔提出颅相学，明确提出脑是心理的器官，奠定了脑的机能定位思想。随着个性心理学的出现，智力一词被广泛运用，研究者们提出了 IQ 的概念与测量方法，同时也出现了一些有关智力结构的理论，如二因素论、群因素论、智力的二维模型等。这些理论的共同点均指出现有的心理测验局限于学业成就方面，对智力重要的方面都没有涉及。现代人们特别关注智力能否发挥作用，在很大程度上与心理特征有很大关系。智力本身是通过知识与智力活动方式的掌握及迁移而发展起来的，是对人的认识起调节作用的系统。根据创造心理学的研究，创新主体的创新才能主要包括：探索问题的敏锐性，统摄思维活动的能力，转移经验的能力，侧向思维、形象思维的能力，联想的能力，记忆力，思维的灵活性，评价能力，联结与反联结的能力，产生思想的能力，预见的能力，运用语言的能力和完成的能力等。行为主体在进行创新时，其心理活动达到最高水平，创造时的心理活动同才能、智慧、意志、情感与道德等各种心理品质以及个性心理特征相联系，各种创造能力与辅助因素均同智力有关，它们之间形成了一个蛛网系统，互相牵制、互相影响。揭示创新的心理内容，对于发挥个体的创造才能，提高人才资源品位具有重要的作用。对各种创新能力的认识，能促使人们自觉地在实践中运用创造才能。

创新及创新理论

创新并非一般意义上的创造新东西的简称，它富含特定的经济学内涵。1912 年，美籍奥地利经济学家熊彼特首次提出创新的概念，指出："创新，就是建立一种新的生产函数，在经济活动中引入新的思想、方法以实现生产要素新的组合。"熊彼特所著《经济发展理论》一书，是第一部研究创新理论的专著。他在维也纳大学学习时，师从著名经济学家、时差利息论创造者庞巴维克和边际效用价值论创造者维塞尔，后在伦敦时曾求教于剑桥学派的领袖局部均衡论创造者马歇尔，并对瓦尔拉斯的一般均衡理论十分推崇。所以，熊彼特的理论研究与分析方法具有多元性和兼收并蓄的特点。首先，熊彼特用静态方法分析了循环流转，假定在经济生活中存在一种所谓循环流转的均衡状态。在循环流转的体系中没有创新，没有变动，没有发展。在每个经济时期发生基本上相同的事情，生产资料、生产方法，都有自主的运作轨道，需求也是如此，生产过程只是循环往返，周而复始。这实际上是一种简单的再生产过程。然后，熊彼特从动态和发展的观点分析了创新。熊彼特所说的经济发展的创新、执行新的组合的概念包括以下五种情况：采用一种新产品；采用一种新的生产方法；开辟一个新的市场；控制原材料或半制成品的一种新的供应能源；实现工业的新组合。继而，熊彼特对信贷、资本、利润、信息等各种概念重新进行了考察和定义，分析了经济周期的形成和特点，从而完成了他的经济发展的创新理论。该理论非常注重技术创新在经济发展中的重要作用，极力强调创新、变动、发展的观点，认为创新是一个内在因素，经济发展也是来自内部自身创造性的一种变动。然后是纳尔逊—温特进化理论。纳尔逊和温特奠定了当今创新研究的进化学派基础。纳尔逊认为，一个进化系统，它具有一个将新颖性引进系统的机制。这种新颖性，即为创新。还有一个进化的经济系统具有对经济实体进行可理解的选择的机制。在一个经济系统中，维持企业基本特征惯例的倾向类似于遗传在生物进化中所起的作用。而在经济系统中引进新的技术、新的企业，便等于生物进化中的遗传突变。对一个经济系统进化而言，选择和搜寻是两个最关键的要素。搜寻是系统创新行为，搜寻行为的规律性表现为技术进步的积累。选择环境决定创新中不同的技术被采用的方式，纳尔逊把市场制度看做是培育创新的进化系统。他的进化理论可看做文化进化分析的一个特例，其中市场起着关键的作用，市场制度是培养创新的进化系统。利润是成功的标志。竞争的压力在于消除无利润的实体，增加有利润的实体。以弗里曼、多西为核心的欧洲科学政策机构的研究发展了纳尔逊—温特理论，并以此为自己分析创新的基本框架。他们认为，进化理论乃是一组相当异端的模型努力，它们强调以各种创新的一再出现、分散的发现过程和特定变迁模式的历史持续为特征的经济动态特性。这种进化过程不只是渐进性的，也可以是突变性的、不稳定的和革命性的。作为创新基础的搜寻和发展，是一个出于利润动机的经济系统的内生行为，正在向经济系统的理论分析创新及其扩散的方向发展。关于创新理论，人们承认熊彼特研究工作的重要性，又对从纳尔逊和温特，弗里曼、多西及其他学者更侧重于以统计数据为基础的研究到新古典经济学向新增长理论的扩展延伸等，进行了多种方式的探讨。随后，管理创新、产品创新、环境创新等概念相继出现，但是最具代表性的，也是最重要的创新应是知识创新。1993 年，美国麻省著名的恩图维咨询公司总裁、著名战略研究专家德伯拉·爱弥顿发表了题为《知识创新：共同的语言》的文章，首次对知识创新下了定义。知识创新就是指新思想产生、深化、交流并应用到产品中去，以促使企业获得成功、国家经济活力得到增强、社会取得进步。一些有远见的各国领导人都竞相提出，要把创新能力当成知识经济发展的最主要的动力源泉，在寻求新的增长方式的努力中，知识与创新成为知识经济社会第一资源。可以看出，创新具有特定的经济学内涵。创新就是创造或执行一种方案，使不同行为者之间进行大量的交流，在科学工程、产品开发、市场销售之间进行反馈，以取得更高的经济利益和社会效果。知识创新乃是指新思想产生、演化、交流并应用到产品中去，以促使企业获得成功，国家经济得到增强，社会取得进步的过程。创新包括一系列科学的、技术的、组织的、财务的和商业的活动，如对已有产品的增值改进，技术应用于新的市场，利用新技术服务于一个业已存在的市场，且其过程并不是完全线性的。正如清华大学校长王大中院士所说："知识的创新速度和知识的应用能力将成为重塑世界经济格局的决定因素。"

创新是人类活动的本质要求

人类只有不断地进行创造性活动，才能不断地满足自己生存发展的需要。满足自身生存发展的需要，始终是人类从事一切社会活动的原动力。人类是通过向自然界的索取活动来满足自己生存发展需要的。而自然界是不会自然而然地满足人类生存发展的需要，它的复杂多变不仅会给人类的索取带来诸多困难，还会给人类的生存发展带来诸多威胁，因而人类必须通过创造性活动向自然界索取。对人类来说，作为生物界高级进化的产物，其本身就富有创新能力，面对着自然界复杂多变的压力，要生存发展还要不断提高自己的创新能力，通过不断总结历史活动的经验教训，能够不断增强自己的创新能力。因而，创新既是人类历史活动的本质要求，又是人类的本性规定。我国一位学者曾用三个成语来概括创新的本质，叫做"无中生有"、"有中生无"、"有无相生"。所谓"生"，乃是说世界并非本来如此，并非一直如此，而是生生不息、日新月异。创新就是从被抛弃、被忽略、被认为"不可能"、"不必要"的"空白处"生出"有"来，独辟蹊径，别开生面，化腐朽为神奇。"无中生有"的前提是"有中生无"，即超越已有的成果，不为权威的结论所束缚，不为流行的观点所湮没，不因眼前的困难而退缩。所以，创新的本质就是"有无相生"。人类正是凭借自身的创新能力和创新的历史活动，才离动物界越来越远，越来越文明进步。在人类发展史上，中华民族历尽劫难而不衰，如今益加朝气蓬勃，靠的就是代代相传的那种不屈不挠的创新精神。创新，现在已经越来越受到人们的广泛关注，其重要性已取得越来越广泛的共识。整个人类发展历史，就是一部不断创新的历史。对一个国家和民族来说，一个没有创新能力的民族，将是一个不幸的、没有前途的民族。对个人来说，创新是个人价值的最高体现，是人的最高层次的需要。人之所以区别于其他动物，就是因为人类能够不断创新，而动物则不能。所以不管从什么角度来看问题，创新都有重大的意义。在一个创造的时代中，对于人的创造性的要求更将凸显，创造性将不仅为少数创造者所专有，而且它必将随着创造知识产业成为主导性产业。创新成为与国家生死存亡攸关的问题，并且将更为普遍地成为人所共有的属性。人的创造性的张扬，人的创造性的普遍化，这是时代的要求。正如马斯洛所分析的"对于任何能生存的政治、社会经济体制还有另一项更直接的必需，那就是要有更多的创造性人物"。马克思主义则从实践的根本观点出发，确认了人的创造性是人的本质属性，也是人的一种生存状态。人的实践活动就是人对其生存环境及其自身的创造活动。人不是如动物那样依靠现成的恩赐来维系其生命，满足其需要。创造活动是人之为人而生存发展的根本前提。它是人的本质生成的现实基础，人的创造物则是他的本质的现实展现。人的创造结果不但为自己提供维系与满足生命所需要的物质与精神的产品，而且应该说创造活动本身内在地蕴涵在人性及其本质需要之中。通过创造活动，人不断改善着外部世界，与此同时人的新质也不断呈现，人的本质更为完善。创造并不是某一部分人所独有的秉性，作为一种人所共有的潜能，人的本质属性，它在合理的教育下，就可能在每个个体身上得到发展与实现。有创造性的人总是把世界上一切事物看做是一种流动、一种运动、一种过程，而不是静止不变的。这种人不会执守过去，而总是展望未来，不是用过去来规定今天，而是善于用未来规划当今。不只是着眼于现实，而是刻意发现各种可能。总是不满足于先辈们已经做过的，而是努力开拓未开发的领域，把创造美好的未来作为自己人生的职责。只有这样，人的创造能力才得以全面充分地萌发，并在一种正确的指向下，以创造性的方式去从事各种工作，并享受创造人生之幸福。创造性的培养应当成为人们普遍的目标，以使整个民族成为富有创造的民族，以应对当今创造时代的挑战，在国际大舞台上立于不败之地。随着全球经济一体化的趋势，各民族之间的依赖和竞争不断强化，随着科技成果转化周期不断缩短的趋势，经济竞争力对科技进步的依赖性不断增强。中华民族是有创新历史传统的民族，这一点从几千年的文明史中可以得到证明。人类创新能力的提高和发挥是一个历史过程，在不同历史阶段有着不同的要求，不同的历史时期有着不同的水平。应当历史地认识人们的创新能力和创新活动。火与石器的发明，在今天看来是不值得一提的，而对远古时代的先民们来说，那可是先民们数百年、上千年创新能力的结晶，使人类彻底摆脱了仅有适应性、茹毛饮血的生物界生活，具有开天辟地的伟大意义。人类没有创新就不会有劳动工具，也不会走出原始人的洞穴，更不会在与其他生物的竞争中成为大自然和新世界的主人。手工经济时代，包括人类发展的远古、中古时期，历经原始社会、奴隶社会和封建社会有数千年之久。机器经济时代，以蒸汽和机器的采用引起工业生产革命、大工业代替手工业开始，至今已近三百年。创新是中华民族历尽劫难而不衰的灵魂，在人类开化史上，中华民族是率先进入文明时代的先进民族之一。在数千年的手工经济时代，中华民族不但以酷爱自由的革命传统，为创新社会制度，实现大同世界而前赴后继地反抗黑暗势力统治，同时又以著称于世的刻苦耐劳精神，创造了发达的农业和手工业，以自己的聪明才智创造了今天拥有的巨大优秀文化遗产，创造了为近代科技发展奠定基础的四大发明。同时也应该承认，自 15 世纪以来中国人的创新能力同西方比是逊色了，这正是近代中国落后挨打的根本原因。即使如此，近百年来中国人民争取独立解放的不屈不挠的伟大斗争，也充分表现出中华民族仍然是富有创新能力和创新精神的民族。

二、创新是民族进步的灵魂

江泽民同志指出：创新精神是我们民族几千年来生生不息、发展壮大的重要动力。人类社会的进步无不是追求变革与创新的结果。哪个民族和国家勇于创新、善于创新，就能够迅速发展和强大，一个没有创新能力的民族，难以屹立于世界先进民族之林。创新已无可争议地成为走向美好未来的通行证。

创新是民族自立的灵魂

中华民族在人类历史上曾创造过辉煌的文化和科学技术，尤其是 7 至 12 世纪，唐宋 500 年，达到鼎盛时期，靠的是创新。英国人威尔斯在《世界简史》中将盛唐时期的中国与中世纪的欧洲作过对比："当西方人的精神由于神学的纠缠而失去光泽的时候，中国人的精神却是开朗、宽和和不断探索的。"唐《贞观政要》记录了这探索创新的轨迹："以天下之广，四海之众，千端万绪，须合变通，皆要百司商量，宰相筹画。"可见之上下一心，求新图变。但明朝中期以后，实行闭关自守政策，与世隔绝，文化上封闭、保守、僵化，极少有创新，中国从此走下坡路。自1651年至1980年，世界科学技术史上作出重大发明者的国籍，德国人、英国人和美国人最多。其次是法国人、俄国人和其他欧洲国家的人。亚洲人较少，其中成就最多的是日本人。除了华罗庚、陈景润等数人外，中国人很少。这样一个文明古国，在近三百年来的科技史上，很少具有世界性意义的重大理论发明和技术突破。到目前为止，诺贝尔奖与中国大陆科学家无缘。百年来中国贫困落后的主要原因，是封建腐朽的统治和西方帝国主义列强的入侵。这就迫使中华民族不得不把自己的创新能力集中用于创新社会制度上。在中国共产党领导下，经过28年的浴血奋战，推翻了强大的帝官封三位一体的黑暗统治，建立了社会主义新中国，为民族自强奠定了社会制度基础。中国革命的成功，不仅创新了中国的社会制度，也创新了现代社会革命的理论和实践，发展了马克思主义。创新的结晶就是把马克思主义同中国革命实践相结合的毛泽东思想。1949年，中国人民当家作主，朝着社会主义方向，开始自力更生、艰苦奋斗、鼓足干劲、多快好省地建设新中国，改变了旧中国一穷二白的面貌，使中国人民站了起来。邓小平同志制定了一整套改革开放的政策，使中国人民从温饱走向了小康。以江泽民同志为核心的党的第三代中央领导集体，以创新为灵魂和动力，推动了国家的建设和发展，使中国人民强了起来。21世纪是一个竞争激烈的世纪，尤其表现在科学技术的垄断和反垄断上。面对经济科技全球化趋势，必须要了解世界上的进展。邓小平同志指出，科学技术是人类共同创造的财富。任何一个民族、一个国家，都需要学习别的民族、别的国家的长处，学习人家的先进科学技术。我们不仅因为今天科学技术落后，需要努力向外国学习，即使我们的科学技术赶上了世界先进水平，也还要学习人家的长处。他还说，要把世界一切先进技术、先进成果作为我们发展的起点。掌握新技术，要善于学习，更要善于创新。要创新就要了解世界，加强国内外交流，欢迎一切新的经验和进步。只有充分地继承了前人的先进成果，才能做到创新。即使引进必要的新技术，也有二次创新的问题，即增强自主创新的能力。交流不是单向的，只有互惠才能推动和发展交流。谁的自主创新能力强，谁就会在交流中取得更大的益处。所以，人才的创新意识特别重要。要培养人才具有较强的逻辑思维能力，不仅要懂得原理，更要重视实践。这样，他们掌握的知识就能不断地更新。只有敢于创新的人才，才能走在别人的前面。创新需要民主的环境，形成自由讨论的风气。马克思曾说过，一切创造都需要有一个表现这种力量的场合，需要从它所引起的反应中吸取新的创造的力量。在争鸣中也将会激发人的灵感。爱因斯坦在找不到同行争论的时候，也要找中学的物理教师来探讨以启发自己的灵感。把一个深奥的理论，用通俗易懂的语言深入浅出地表达出来，并让外行听懂，这不仅是能力和水平的表现，也会促进对其进一步的深刻了解，从而带来新的创新。

创新是民族发展的灵魂

历史上任何一个创新都源于实践。如19世纪末，以牛顿力学、麦克斯韦电磁方程及统计物理为核心的经典物理已发展得相当完善，甚至有人认为物理学的研究已接近尾声。但实践结果却提出了挑战，当时两个最有名的实验与经典理论格格不入。一个是迈克耳逊—莫雷实验，一个是黑体辐射能谱。对这些代表性实验的解释，导致了物理学史上最伟大的革命，产生了相对论和量子力学，从而带动了其他学科的发展。如半导体、激光、核物理及技术，最终引发了20世纪的科技革命。人类的实践还在不断发现新的事物，在人们面前还有很多的挑战，也只有在实践中总结分析前人、他人和自己的实践，坚持解放思想，实事求是，才能有所创新。创新是事物发展的必然要求。著名科学家钱伟长教授提出，培养跨世纪人才，就要培养大批有创新意识的人，而不是重视死读书和读死书的人。10多年前，在十分严格的保密措施下，一些美国专家和美国籍的外裔专家曾经在美军的一个海军基地举行了一次重要会议。会上，会议领导小组的一名成员手里拿着一块晶体，忧心忡忡地说，近几年世界上出现了一种新的倍频增晶体（BBO），创造这种晶体的大部分思想不是来自美国，而是来自中国，我们感到担忧。使美国专家感到担忧的这种晶体，只有指甲盖大小。1986年，福建物质结构研究所的科研人员研制成功后，公开发表了论文。当时，日本专家看到论文后，对中国人的创新成果还有怀疑，他们来中国参观时，要求借一块晶体，中国有关方面同意了。日本人把晶体拿回国在仪器上一测试，发现性能要比论文上介绍的好，于是他们用3000美元买走了一块。美国人得知这一消息后，把日本的晶体拿去进行测试后，又用6000美元从日本人手中买走了。可见，创新的成果是多么宝贵。中国的科研人员如果没有创新意识，就不会有令外国专家吃惊的新成果。BBO晶体的研制成功，是科研人员创新的结果。这种创新意识绝不是3000美元甚至6000美元能够买到的。21世纪的人才，不仅需要知识多一些、知识新一些，更重要的是这些人才要能够在新的环境中具有创新能力，在飞速发展的形势中能够创造性地为民族和国家负起责任，贡献自己的力量。一个人如果没有创新意识，那么他学到的知识在几年或十几年以后就会失去原有的作用。创新就是创造新东西，在社会生活的方方面面都可体现出来。日本早在二战之后，就提出"技术立国"的口号，主要依靠引进外国技术发展经济，一度取得明显成效，使美国大为逊色。到了20世纪90年代，美国依靠科技创新，发展信息高速公路，振兴了经济，又超过了日本。日本人感悟到仅靠引进技术是不够的，于是又将"技术立国"改为"技术创新立国"。1997年下半年爆发的东南亚金融危机，震撼了亚洲，也震撼了世界，导致不少国家和地区经济上遭受重大损失。昔日风光一时的亚洲经济发展模式受到严峻的挑战，表明仅仅依靠技术引进不行，依靠廉价劳动也不行，而必须有自己的创新。邓小平同志说：发展才是硬道理。硬道理是硬在创新上，因为只有创新，才能有真的发展。江泽民同志指出：要迎接科学技术突飞猛进和知识经济迅速兴起的挑战，最重要的是坚持创新。把握住创新就把握住了知识经济发展的关键。知识经济是以知识为基础的经济，知识成为资本成为资源，并且是可以重复利用无污染的绿色资源，具有不可穷尽性。有形有限的不可再生的资源，用一点就少一点，消耗完了生产发展也就走到了尽头。而对知识资源的开发利用，最本质最根本性的是创新。从生产领域来看，没有创新，没有新知识、新技术上的优势，就不能形成自己特有的产品，仅靠劳动力的低廉价格、原材料的便宜维持的优势是暂时的，难以持久的。只有创新，增加产品的科技含量，形成自己所特有，别人没有的技术才能形成垄断，才能有真正的优势。杰出人才的创造性智慧对人类发展的重要性从来没有也不可能像今天这样显示得如此淋漓尽致，它可能影响一个产业，影响一个国家，甚至开辟人类的未来。比尔·盖茨在信息革命方面的贡献，不仅使他个人的财富不断增值，连续四年蝉联世界首富，使建立仅 20 年的微软公司的市场价值超过了美国三大汽车公司的总和。更重要的是他在信息、电脑技术方面的贡献，改变了人们对自然世界与人类世界关系的认识，改变了世界经济、产业的发展观念和就业结构，改变了并将继续改变着世界不同地区的人们在政治、经济、文化生活中的地位和关系。在知识经济时代，杰出创造性的发展可能超过一个政府、一场战争的作用。很多国家现在已意识到创新和知识越来越重要。因此，要在全社会范围内提倡创新，把创新提到时代精神的高度来认识和把握，使全社会认识到 21 世纪是知识经济的时代，没有创新，就谈不上发展。面对千头万绪的工作，面对时代提出的课题，没有创新是解答不了的。所以要提倡创新，培养创新意识，在思想上形成共识，这样才能为创新的兴盛打开局面。

创新是知识经济的灵魂

知识经济时代是当代高新技术所显示的一个新的创新时代。从 20 世纪 70 年代初托夫勒在《第三次浪潮》中提出"后工业经济"到 1986 年英国福莱斯特在《高技术社会》中提出"高技术经济"；从 1990 年联合国研究机构第一次正式提出"知识经济"，再到 1996 年世界经济合作与发展组织发表《以知识为基础的经济》报告，知识经济已向我们走来。联合国组织把作为知识经济前沿领域的高技术分为八类，信息科学技术、生命科学技术、新能源与可再生能源科学技术、新材料科学技术、环境科学技术、海洋科学技术、空间科学技术、软科学技术。第二次世界大战以后，人们的创新能力极大提高，科技新成果迅速增长，技术更新速度大大加快，一项科学发现到形成社会生产力的周期已降为 10 年以内，使越来越多的机械来延长人的手足，代替人的体力。至此，人们几千年来专注于体力劳动的创新已达到极致程度。然而，人类生存发展需要的不断满足和由此而引发的创造性活动，却是不会停留在现有水平上的。同时，机器大工业对生态环境的破坏，大量消耗资源所造成的资源危机越来越严重。这样，有利于保护生态环境合理开发利用资源的高科技产业便悄然兴起。知识创新则是知识经济时代创新的聚焦，成为当今创新的特殊含义。在知识经济时代，人们为满足自己生存发展的需要而进行生产活动时，不再首先考虑如何大量开发利用自然界的现成资源，而是首先考虑如何创新自己的知识，通过知识创新，去合理开发利用有限的自然资源，去创造人工合成的资源。过去，单一产品的传统制造业公司，没有 50 年、100 年的时间想要跻身世界 500 强，几乎无此可能。而 1999 年世界 500 强的公司中，大约有一半是近 20 年成长起来的。这些公司与传统公司的特性已完全不同，它们以 20%、30%、50%，有时以 100%、200%、300% 的速度裂变，而传统的公司平均速度以 1 位数的增长已经有很长时间了。在硅谷，创新的高节奏已被描述为——准备！射击！瞄准！创新的速度似乎已使人来不及瞄准了。在知识经济时代，构成社会经济增长部分的，已不再是追加的资金或劳力或自然资源，主要是新增知识。人们及其社会生活的各个方面将普遍知识化、科技化。先进的科技成果会更多地代替人们的体力劳动，还会部分地代替人们的脑力劳动。知识经济型产业的兴起，使当代国际经济日益表现为是以知识经济为基础、以高科技产业为先导的综合国力的竞争。有一个故事说得好，两个人在树林里过夜。早上，树林里突然跑出一头大黑熊来，两个人中的一个忙着穿球鞋；另一个人对他说："你把球鞋穿上有什么用？反正咱俩也跑不过熊呀！"忙着穿球鞋的人说："我不是要跑过熊，我是要跑过你。"这故事听起来有些冷酷无情，但当今面临的世界，竞争就是如此激烈而残酷的。可以看出，一个民族若在以往时代缺少创新精神会日渐衰落，而在知识经济时代放慢知识和科技在产业的转换速度则会迅速失去竞争力。

三、创新是国家兴旺发达的不竭动力

江泽民同志指出，创新是一个民族进步的灵魂，是一个国家兴旺发达的不竭动力，也是一个政党永葆生机的源泉。这是站在时代发展的高度，充分阐明了创新的极端重要性和紧迫性。

创新是发展的不竭动力

社会的进步，经济的发展，是人类发挥创新能力进行创造性活动的历史性产物，反映着人类创新能力提高的过程。马克思、恩格斯讲过，生产力与生产关系矛盾运动是社会发展的基本原因和决定动力。生产力和生产关系是人类为满足自己生存发展的需要而从事历史活动的两个基本方面。人们总是首先较多地关注向自然界索取的生产力，投入较多的创新能力，因而生产力表现为是最革命、最活跃的因素，只有当生产关系已明显地阻碍生产力发展，威胁人们生存发展时，才转入较多地关注它，投入较多的创新能力来变革生产关系，以适应生产力发展。继而当人们用较多的创新能力去推动生产力发展到一定水平时，便再次要求和迫使人们用较多的创新能力去变革生产关系。若生产关系的变革严重滞后，成为阻碍生产力发展的社会问题，那么人们将会首先投入更大量的创新能力去创新体制，甚至创新社会制度，以求创新生产关系。创新的主体是人，是从事创造性劳动的人。要从整体上提高中华民族的创新能力，从根本上讲就是要启迪和调动人的创新积极性。创新的流动和组合方式即运行机制，对于创新的产出起着直接的影响。好的机制就能用较少的投入得到较多的产出。在传统计划经济体制下，我国的技术创新和知识创新是由行政方式来配置创新要素的，存在着大锅饭、低水平、重复劳动等弊端。改革开放以来，在创新领域中引进了竞争机制，取得了一定的效果。创新是在一定体制之下进行的，科技体制、教育体制、经济体制、政治体制，对创新都有很大的影响，因此要提高民族的创新能力，就要进行体制改革，或者说要进行体制创新。人才和创新在某种意义上几乎是同义词。创新是由第一流的人才创造的，创新体系的编织很重要的一环是人才培养使用的创新。创新离不开一定的社会、政策、舆论环境，营造有利于创新的环境，是创新的重要部分。毛泽东同志提出的"百花齐放、百家争鸣"，邓小平提出的"尊重知识、尊重人才"，都是非常正确的，也都是至理名言。在学术面前人人平等，这里只有理，没有权威，或者说真理就是权威。创新是一个历史范畴，知识经济时代所要求的创新是一种开放性的，以知识创新和科技创新为主导的一种时代精神。

创新是科技强国的动力

第二次世界大战中，迫使日本投降最奏效的因素之一便是原子弹这一先进武器，战后美苏长达45年的冷战最终也以奠基于科技基础的综合国力的较量而告终。1991年美伊海湾战争被称为人类有史以来武力战场上爆发的"首次信息战"，充分体现了现代高科技的巨大威力。经济上，科技的发展改变了旧有的经济规律。综合国力的竞争，关键是科技的竞争。新中国成立初期，面临经济建设与国防建设两大重任，人们急欲实现国家的富强，借此来洗刷百年的耻辱。在这种高昂的斗志驱使下，新中国在经济、科技等方面取得了很大成就。如两弹一星的成功研制，就为新中国赢得了巨大的国际地位。经济上的工业战略，在前10多年取得了很好的成绩。1978年，全国科技大会提出了科学技术是生产力的伟大论述。邓小平同志说：中国要发展，离不开科学，实现人类的希望离不开科学，第三世界摆脱贫困离不开科学，维护世界和平也离不开科学。把科学技术提高到全世界人民和平富裕的高度来认识。1986年3月5日，邓小平同志对王大珩、王淦昌、杨嘉墀、陈芳允四位科学家提出的关于跟踪高科技发展的建议作了批示，不久《高技术研究发展计划和纲要》（简称"863"计划）批准实施。该计划选择对中国未来经济和社会发展有重大影响的生物技术、自动化技术、航天技术、信息技术、先进防御技术、能源技术和新材料技术等领域作为突破口，跟踪世界水平。该计划实施10多年来，在上述领域取得了丰硕成果，很多领域的不少方面已经接近国际先进水平，有些方面已走在国际前列。实践证明要摆脱贫穷落后，实现国家的富裕强大，就要发展经济，增强综合国力。要增强综合国力，就要大力发展科技，发挥科技的关键作用。因此，科技治国是重中之重，创新是魂中之魂，1995 年，江泽民同志提出了"科教兴国"的号召，高度概括了科学技术、教育、综合国力之间内在的逻辑关系。面对当前世界科技与经济一体化的趋势，江泽民指出：科技要面向经济，经济要依赖科技。特别要重视运用现代技术武装基础产业和支柱产业，加速实现经济和社会管理的信息化、自动化和智能化，促进科技成果向现实生产力转化。综观新中国成立以来的科技事业可以说取得了举世瞩目的成绩。巨型计算机、汉字激光照排技术的问世、正负电子对撞机的试制成功、长江三峡工程的上马进而投产，以及大量发明专利的出现等，奠定了科技大国的坚实基础。决策的科学化，对国情的科学认识、科技体制的改革等树立了科学治国的理性精神。对外科技援助和科技合作表明中国科技已走出国门，改变了历史上单向引进的落后状况，这一切都表明中国已走上了科技强国的正确航道。而贯穿于这一科技强国历程中的红线则无疑是创新和超越。从科技救国到科技强国，中华民族已走过了一百多年的艰辛历程。在这一百多年中，伴随中国的科技事业从无到有，从落后到先进，从全盘引进模仿到创新超越，中国的经济从贫穷开始走到小康，中国的地位从弱小开始走向强大，这一切表明了科学技术的巨大威力。从经济发展来讲是生产力，从军事角度来看是威慑力，从政治上来说是影响力，从社会发展而论是推动力。随着科技事业的推进，中国人的思维方式也发生了巨大的变化，从不变到变，从小变到大变，从缓变到突变，都反映出科学技术对人类思维方式的深刻影响。中国就是一个典型的由落后贫困开始走向发达富强的国家，而促进百年转机的内在动力则是创新。

四、理论创新是党的生命线

党的理论创新是对建党重要经验的科学总结。党领导中国革命和建设的过程，就是不断进行理论创新的过程。毛泽东思想是党领导中国革命和社会主义建设初步实践的理论创新。邓小平理论是党在社会主义建设新的历史时期理论创新的集中体现和伟大成果。江泽民同志提出的"三个代表"重要思想，坚持与时俱进，努力开创建设有中国特色社会主义事业新局面，是十分重大的理论创新，也是建党经验的科学概括。综观我们党领导中国革命和建设的历史，无不与党的理论创新紧密相连。

毛泽东同志是理论创新的成功实践者

党的理论创新有着深厚的实践基础，理论创新是革命与建设取得成功的重要保证。江泽民同志指出：

创新，包括理论创新、体制创新、科技创新及其他创新。其中理论思维的成熟是政党成熟的一个重要标志，只有不断进行理论创新，一个政党才能永远保持旺盛的生机和活力。中国共产党的发展就证明了这一点，党就是在对理论不断探索、不断创新中成长壮大的。毛泽东同志对党的理论创新作出了重大贡献，是理论创新的集大成者。中国共产党是一个富有创新精神和创新传统的政党。早在成立之初，党的创始人李大钊、陈独秀、毛泽东等在传播和宣传马克思主义的过程中，便开始了马克思主义中国化的尝试，开始用中国语言和中国形式对马克思主义作出通俗化的解释，从而使马克思主义得到了迅速而广泛的传播，开创了中国革命的崭新局面。在大革命时期，毛泽东、李大钊等党的骨干分子，又对中国新民主主义革命理论进行了初步探索，提出了一些富有创新意义的思想。这些创新思想代表着党在理论建设方面的前进方向。1930 年 5 月，毛泽东同志在《反对本本主义》一文中明确提出"共产党人从斗争中创造新局面的思想路线"。"我们要大声疾呼，唤醒这些同志：速速改变保守思想！换取共产党人的进步的斗争思想！"这是中国共产党自觉进行理论创新的开始。1942 年，在沟壑纵横的梁峁上，在黄河东流的倒影里，延安宝塔山成为中国革命崭新的指针。毛泽东同志迫切地感到，担当着民族救亡使命的党要握有创新思维、创新理论的利器，他要把一个以农民为主要成分的党，办成一所大学校。他讲《实践论》、《矛盾论》，讲实事求是，为中国共产党的创新思维建立了一个崭新的哲学平台。实事求是这个美妙的词语是汉代史学家班固发明的，本意是指做学问、办事情的严谨态度。毛泽东同志推陈出新，把它变成一个意义重大的哲学命题，为人们打开了认识世界、改造世界的创新之路。国不创新，国将亡丧；党不创新，党无希望。毛泽东同志的创新精神永远地改变了中国的面貌。如同新中国在东方的诞生是一个奇迹，毛泽东同志本身也是一个奇迹。1956 年 4 月，他在《论十大关系》的讲话中指出，马克思列宁主义、斯大林讲得对的那些方面，我们一定要继续努力学习。但是，我们要学的是属于普遍真理的东西，并且学习一定要与中国实际相结合。他特别强调要正确对待苏联经验，引以为戒。1958 年 5 月，他在中共八大二次会议上的讲话中号召全党"要产生自己的理论"，要敢于超过马克思。他说：我们做的超过了马克思。列宁说的做的都超过了马克思，如帝国主义论。马克思没有做十月革命，列宁做了；马克思没有做中国这样大的革命，我们的实践超过了马克思。实践当中是要出道理的。马克思革命没有革成功，我们革成功了。这种革命的实践，反映在意识形态上，就是理论，我们的理论水平可以提高，我们要努力。直到晚年，毛泽东同志还在倡导理论创新，并对创新进一步作出马克思主义的哲学说明：人类总得不断总结经验，有所发现，有所发明，有所创造，有所前进。理论创新是一个没有止境的过程。毛泽东思想的形成和发展，是对马克思主义的理论创新。毛泽东思想是在中国革命实践基础上对中国革命的特点和规律的理论概括，是马克思主义基本原理与中国实际相结合过程中实现的第一次历史性飞跃的理论成果，是马克思主义的中国化。社会主义建设理论的创新，有赖于社会主义建设的实践，以形成社会主义建设的理论创新。在中国这样一个经济落后的大国怎样建设社会主义，是党面对的全新课题。在中国由新民主主义向社会主义过渡的时候，由于没有进行大规模经济建设的经验，中国共产党选择了苏联这一别无选择的样板。在学习苏联经验的过程中，毛泽东同志逐渐察觉到苏联模式的某些弊端，陆续发现苏联的一些经验并不完全适合我国。况且，苏联的经验也不是完美无缺的，他们在社会主义建设中也暴露出自身领导体制和管理体制方面存在的弊端。以毛泽东同志为代表的中央领导集体，清醒地认识到要以苏联经验为鉴戒，经过广泛深入的调查研究，提出要探索中国自己的社会主义建设道路，

"实行马克思主义与中国的第二次结合。"毛泽东同志在我国社会主义建设初步实践基础上，对社会主义经济建设的理论原则和经验进行了科学总结。他直接提出了要走出一条"中国工业化的道路"的问题，提出了正确处理社会主义建设中的各种经济关系，对经济管理体制改革进行了初步思考。他还对我国社会主义社会政治、思想、文化工作的理论原则和经验进行科学总结。尤其创造性地提出了正确处理人民内部矛盾是国家政治生活主题的重要思想。这些理论概括为毛泽东思想宝库增添了新的内容。毛泽东思想关于社会主义建设的理论原则和经验总结，成为我国社会主义建设的指导思想，使我国的社会主义建设在它的起步阶段就取得了令人瞩目的成就，为我国的现代化建设奠定了基础。毛泽东同志的探索具有首创之功，它为第二次探索作了思想上和物质上的准备。

邓小平同志的理论创新对民族复兴起着重要作用

在新的历史时期，邓小平同志带领我们党以马列主义、毛泽东思想为指导，清醒地认识世界主题的转变，科学地总结历史经验，正确认识中国国情，找到了一条建设有中国特色社会主义的道路，实现了马克思主义与中国建设实践相结合的第二次飞跃，形成了邓小平理论。以邓小平为代表的第二代领导集体的理论创新对中华民族的伟大复兴的重要作用，从社会主义市场经济体制建立这个理论创新的结果就可以得出结论。党的十五大报告指出："把社会主义同市场经济结合起来是一个伟大的创举。"这是对社会主义市场经济理论伟大意义的精辟概括。邓小平同志南方谈话，独树一帜，出奇制胜。在当代社会主义大曲折的形势下，中国却迈出了体制转换中有决定意义的一大步，彻底突破传统计划经济的僵化模式，努力创建有中国特色的社会主义市场经济新型体制，这就彻底突破了传统计划经济体制的最后一道防线，走向创立新型体制的又一创新，为马克思主义理论宝库增添了崭新的内容。社会主义市场经济新理论的提出，是对高度集中的计划经济的革命，是对传统经济学的革命。正是这种革命性的创新理论结束了在理论上犹豫不决、反复徘徊的局面，有助于加快我国的改革进程。新的理论成为今后相当长一个历史阶段经济体制改革的理论基础之一。如果没有社会主义市场经济理论的出现，改革开放事业、社会主义经济体制的改革就会遇到许多不可克服的问题，社会主义建设事业很难想象会有今天的成果，建设有中国特色的社会主义事业就会更加曲折一些。以邓小平同志为核心的第二代中央领导集体，坚持党的实事求是的思想路线，正确总结中国社会主义建设的经验教训，提出了社会主义初级阶段的科学论断。特别是邓小平同志倡导的改革开放，使中国彻底走出了封闭半封闭状态。邓小平同志首倡的新体制、新方针、新战略，是对内改革、对外开放，实质上是内部利用市场机制搞活经济，外部利用世界市场，汲取发达资本主义文明成果，内外结合地加速中国社会主义现代化建设。在如何对待马克思列宁主义、毛泽东思想的重大问题上，邓小平同志曾经讲过两句非常重要的话，第一句话是老祖宗不能丢；第二句话是要敢于讲老祖宗没有讲过的新话。深入进行理论创新，不断丰富和发展马克思主义，是党的优良传统。在新的历史条件下，进一步丰富和发展邓小平理论，是党必须完成的历史使命。在社会主义现代化建设新时期的实践基础上形成的这些理论，深刻回答了长期束缚人们思想的许多重大理论和实践问题，解决了面临的许多艰巨课题。邓小平理论的创立，实现了毛泽东同志提出的"马克思主义与中国实际的第二次结合"。邓小平理论是第二次历史性飞跃的理论成果，是马克思主义在新的历史条件下的理论创新，是马克思主义在中国发展的新阶段。

江泽民同志与时俱进的创新思想丰富了马克思主义理论宝库

以江泽民同志为核心的党的第三代中央领导集

体，在新的历史发展时期，高举邓小平理论的伟大旗帜，根据我国改革开放和现代化建设的新的实践，创造性地继承和运用马克思主义、毛泽东思想、邓小平理论的一系列基本原理和基本观点，在党的指导思想和党的建设等问题上取得了新的突破。面临东欧剧变、苏联解体，世界的政治格局朝着多极化趋势发展，国际社会主义运动进入低潮。此时的中国，社会主义现代化建设也进入关键时期，新矛盾、新问题层出不穷。以江泽民同志为核心的第三代中央领导集体坚持邓小平同志关于"发展才是硬道理"的科学论断，坚持解放思想、实事求是的思想路线，构建了建设有中国特色社会主义的经济、政治和文化纲领。把坚持公有制为主体与多种经济形式辩证地结合，不断完善社会主义基本经济制度，科学阐述了社会主义初级阶段的基本经济制度；深化经济体制改革，确立了社会主义市场经济体制的目标模式和基本框架；为适应科学技术革命的发展和产业结构调整的新浪潮的需要，深化企业改革，建立现代企业制度，对国有企业进行战略调整；着眼于提高国民经济的效益和质量，制定了实现经济增长方式根本性转变的战略决策。在发展战略上，坚持经济和社会发展相协调，制定和实施"可持续发展战略"、"科教兴国战略"、"西部大开发战略"三大发展战略。提出以经济体制改革为重心，使政治、科技、教育、文化等方面的体制改革"整体推进"的社会主义改革观。在政治民主建设上，提出依法治国的方略。辩证地分析社会主义现代化建设中的各种关系，提出了正确处理社会主义现代化建设中的"十二大关系"的理论。这些在深化改革开放和现代化建设的实践基础上形成的新认识、新概括，是以江泽民同志为核心的第三代中央领导集体在新的历史条件下进行的理论创新，特别集中地体现在"三个代表"的思想创新。江泽民同志关于党要始终成为中国先进生产力的发展要求、中国先进文化的前进方向、中国最广大人民的根本利益的忠实代表的重要论述，是对党的性质、根本宗旨和历史任务的新概括，是对马克思主义建党学说的新发展，是新形势下对各级党组织和党员干部提出的新要求，具有很强的理论性、实践性和鲜明的时代特征，标志着党对新的历史条件下执政党建设的规律性认识达到了一个新水平。"三个代表"处处体现出创新精神，先进生产力的根本体现是科技这一第一生产力，而"科学的本质就是创新"。先进文化的目的和作用就在于建立保证和促进先进生产力发展的创新意识和创新环境。历史是人民创造的，人民群众本来就是创新的主体、动力和源泉。"三个代表"重要思想的提出，是我们党又一次成功的理论创新，为丰富马克思主义理论宝库作出了新贡献，也为党在新时期建设提供了方向和具体要求，确保了执政党的先进性。"三个代表"同马列主义、毛泽东思想和邓小平理论是一脉相承的，反映了当代世界和中国的发展变化对党和国家工作的新要求，是我们党的立党之本，执政之基，力量之源；是加强和改进党的建设，推动我国社会主义自我完善和发展的强大理论武器。面对国际国内的新情况、新问题，江泽民同志指出：我们进行理论创新，就是要使我们党的基本理论在继承的基础上不断吸取新的实践经验、新思想而向前发展。从党的三代领导核心理论创新、思想创新的经历以及产生的历史作用来看，可以说理论创新对于中国共产党的历史发展产生了至关重要的影响，使我们党的指导思想和理论保持着一种朝气与活力。辩证唯物主义和历史唯物主义的观点说明，客观事物是不断运动发展变化的，人们必须在运动发展变化中认识和把握事物，从而不断检验、更新和扬弃自己的思想观点。用静止的、孤立的、片面的观点认识事物和分析问题，必然会造成思想认识上的偏颇、停滞与僵化。中国共产党三代领导集体的理论创新历史就充分证明，只有勇于解放思想，实事求是，与时俱进，开拓创新，才能不断适应事物的发展。从这个意义上讲，理论创新是党的生命线，因为创新是马克思主义的本质特征。我们党坚持马克思主义的创新精神，能够保持强大的生命力，就在于善于对时代的变化做出积极有效的反应，及时研究和创造性地解决前进中出现的新情况、新问题，总结党和人民在实践中创造的新经验和获得的新认识。

五、发展呼唤理论创新

客观事物是发展的，要使理论适应实际，就应当进行理论创新。世界是发展的，事物是变化的，理论创新使社会主义从空想变成科学，理论创新使社会主义实践不断发展。没有理论创新就没有社会主义革命的胜利，就没有建设有中国特色社会主义的巨大成就。人们已步入一个伟大的新时代，它提出了理论创新的迫切要求。

推进理论创新要有与时俱进的思想

理论的实现程度取决于现实的需要程度。理论只有密切关注现实才有旺盛的生命力。马列主义、毛泽东思想、邓小平理论、江泽民"三个代表"思想，已作为我们的主流意识形态，作为时代精神的主旋律，成为各族人民的精神支柱。但应清醒看到，社会上一些与马克思主义、社会主义相违背的思想政治观点也时有出现。从党的建设看，这些年来，在以江泽民同志为核心的第三代领导集体的高度重视和积极推动下，坚持用邓小平理论武装全党，围绕不断提高党的领导水平和执政能力，增强广大党员干部拒腐防变和抵御风险的能力这两大历史性课题，全面推进党的建设，取得了很大的成绩。但在对外开放和社会主义市场经济条件下，也有一小部分党员和干部，由于不注重对马克思主义的学习，不加强世界观的改造，信念上出现了动摇，思想上出现了偏差，与党离心离德，甚至蜕化变质。面对这种形势，如何根据时代和社会发展的需要，按照"三个代表"的要求，大力加强党的思想理论建设，是一个重要的研究课题。人们很容易忽略一个事实，而这一事实又是那样的重要。1872年，马克思和恩格斯在《共产党宣言》德文版序言中说："这些原理的实际运用，正如《宣言》中所说的，随时随地都要以当时的历史条件为转移。"1888年，恩格斯在《自然辩证法》这部著作中，十分透彻地阐述了科学世界观必须与时俱进的道理，他说："每一时代的理论思维，从而我们朝代的理论思维，都是一种历史的产物，它在不同的时代具有完全不同的形式，同时具有完全不同的内容。"思维规律的理论并不像庸人的头脑在想到逻辑一词时所想象的那样，是一种一劳永逸地完成的永恒真理。马克思和恩格斯总是说，他们所创造的理论，不是一成不变的教条或永恒真理。恰恰相反，因为理论思维是历史的产物，随着历史的推进，就应当有完全不同的形式和完全不同的内容。马克思主义是与时俱进的科学理论。不创新，就不是马克思主义。深刻理解马克思主义与时俱进的理论品格，继承党勇于理论创新的优良传统，进一步增强丰富和发展创新理论的崇高使命感。马克思主义一经问世，就显示出强大的生命力，这关键在于它不是抽象地存在于书本中，而是存在于生动活泼的社会实践中。实践的不断丰富和发展，赋予马克思主义无穷的活力。恩格斯曾深刻地指出：我们的理论是发展的理论，而不是必须背得烂熟并机械地加以重复的教条。所以，马克思主义从来不是封闭的、僵化的，新的时代，新的实践，赋予马克思主义不断创新的源头活水。

理论创新的发展与实践

　　任何事物的产生和发展，都有一定的历史条件，理论创新也不例外。理论创新的源泉在实践，而人民群众是社会实践的主体，是历史的创造者，他们当中蕴藏着巨大的智慧和精神力量，许多先进的思想、文化、科学都是由他们直接创造出来的，因此，理论创新必须尊重人民群众的首创精神。事实上，在创新的道路上，凡有成就的人都是很注意通过定向实践获取必要的知识，以形成自己的风格和特点。李时珍年轻时就立志在药物学方面有所建树，为此，他把毕生的精力都投入到医疗和药物研究的实践中，一直到年过半百的时候，还别离妻子儿女，穿上草鞋，背起药筐，拿起药锄，走出家门，不辞劳苦地跋涉于江苏、江西、安徽等地，竭尽全力地去挖掘药物宝藏，终于得到了前人不曾得到的药物知识，写成了举世称道的药物宝典《本草纲目》。牛顿一生致力于力学研究，曾经发现了著名的力学三定律，并以此成为物理学方面的泰斗。据记载，牛顿为了实现自己的目标，把大部分时间都用来进行科学实验的实践。他很少在夜间3点钟以前休息，常常工作到清晨五六点钟才去睡觉，特别是在春天或落叶时节，有时一连几个星期待在实验室里，不分昼夜地干，一直到完成实验为止。他们都是通过实践而获得知识，以取得创新的成果。所以，在理论的创新过程中要有所成就，就一定要坚持深入到实践之中，了解掌握不同层次不同区域里群众创造的各种先进经验，然后认真总结出符合实际的东西，以推动新理论的发展。进行理论创新，从根本上是为了改变理论滞后于实践的状况，使人们的主观认识与客观实际相符合，从而顺利地推进社会主义建设事业。改革开放以来的历史表明，在事业顺利发展的时候，不同思想的冲撞相对平缓，人们的认识容易统一，推进理论创新相对比较容易。在重大的历史关头，在改革开放的艰难时刻，由于各种思潮激烈交锋，不同意见相持不下，推进理论创新往往比较困难。而思想不解放，束缚不解除，事业就难以发展，不推进马克思主义的理论创新，事业就无法发展，因而在历史的重大关头，在改革开放的困难时刻，就尤其需要大胆解放思想，勇于推进理论创新。由于在重大历史关头推进理论创新，对于打破传统观念的禁锢，解除人们的思想困惑，凝聚全民族的统一意志，明确社会前进的方向，具有在社会发展的常态下难以比拟的作用，因而愈是在这样的关头推进理论创新，就愈是能显示出理论创新引导社会前进的强大威力。如何以科学的态度对待马克思主义，推进马克思主义的理论创新，是思想理论建设的一个大课题。要处理好继承与发展的关系，没有继承的理论是无源之水，没有发展的理论就没有生命力。理论创新的途径，首先要对已有的理论进行再研究，结合新情况、新特点进行创新。要对其他理论进行研究，取其精华，去其糟粕，联系自己实际进行创新。还要对未来可能出现的情况展开合理大胆的想象，并加以科学分析论证进行创新。新理论的形成，总要先经过"惹前人之未想"而后才能"达前人之未达"，否则也就不能称为新理论。借助丰富的想象力，对前无古人的领域进行探索研究，对未来事物进行大胆猜想，将诸多可能进行科学分析论证，直至形成理论，需要过人的胆识与愈难弥坚的信念。美国人戈达德在 1919 年 5 月出版的《一种达到极端高度的方法》一书中指出："用液氢和液氧作推进剂的多级火箭，脱离地球引力并击中月球是现实的。"他的设想在今天早已成为现实，但对于当时的人们来说这种设想无异于痴人说梦，因而戈达德的名字一度在美洲大陆被传为笑柄。同戈达德的遭遇相类似，"海权论"和"空军制胜论"问世之初，亦被人们称之为"奇谈怪想"。超前的理论与现实总有一段距离，想得越远，这段距离可能就越大，被人们所认可的时间可能就越长，创新者为此所遭受的嘲讽可能也就越多。飞速发展的社会，迫切需要为理论创新插上想象的翅膀，让它飞得更快更高更远。

理论创新中的曲折是暂时的

任何事物的发展都不是直线上升的，理论创新过程中遇到曲折是必然的、正常的。创新是一种高级的认识和实践活动，它不是对人类已有认识和实践成果的重复，而是在此基础上进行新的创造。既然如此，创新的过程就不可能是一帆风顺和径情直遂的，其中必然会遇到许多挫折和失败。富尔顿在发明轮船的过程中，仅在巴黎进行蒸汽推动模型试验就长达 9 年，其间的失败不计其数。正是在这些失败的基础上，"富尔顿的蠢物"才变成了"富尔顿的胜利"。爱迪生在发明蓄电池时，经过 4 万余次试验，才制成了镍铁蓄电池，后来发现这种蓄电池有漏电现象，于是重新进行试验，又经过 10296 次失败后，才制成了理想的镍铁蓄电池。哈维因创立血液循环理论，受到了教会的严厉制裁。布鲁诺为了捍卫哥白尼的日心说，与教会势力进行顽强斗争，最后被活活烧死在罗马广场上。当然，随着社会的进步，现在的创新条件已经得到了很大的改善，但创新既然是一种探索性的活动，其中就不可能没有遭受挫折和失败的风险。在历史上，许多在创新方面有突出贡献的人都对自己所从事的专业存在浓厚的兴趣。在这方面，阿基米德和德谟克利特是相当典型的。当罗马士兵的利剑伸到阿基米德眼前时，阿基米德还在聚精会神地在沙地上画着几何图形，在他明白罗马士兵要杀害他时，竟毫无惧色地推开利剑，请求给他一点时间，以便论证完一条几何定理。德谟克利特蔑视皇家的权势和宫廷中的豪华生活，心甘情愿地在贫穷中潜心进行科学研究，他的坚定不移的信条是"宁肯找到一个因果解释，不愿获得一个波斯王位"。这些生动的事例充分说明了形成浓厚专业兴趣的极端重要性。在社会科学方面，在近现代史上，理论创新更是不乏其例。科学社会主义的创始人马克思、恩格斯对未来社会的基本特征作了初步预测：实现生产资料的公有制，生活消费品实行按劳分配，产品生产实行计划调节等。他们揭示了人类社会发展的一般规律，揭示了社会主义取代资本主义的历史必然性，但不是为某个国家具体规划社会主义的发展道路。未来社会到底是个什么图景，将来采取哪些措施，完全需要根据各国当时的历史条件来决定。为此，早在十月革命前，列宁就开始思索社会主义建设问题。十月革命胜利后，列宁根据马克思、恩格斯对未来社会的设想，试图用战时共产主义政策直接向社会主义过渡，结果挫伤了人们的生产积极性，加重了连年战争所造成的困难。面对这种情况，列宁根据自己的实践经验，开始尝试通过市场和商品交换使小农经济和资本主义经济活跃起来，再通过国家资本主义把它们引向社会主义的政策。俄共第十次代表大会决定由战时共产主义政策转到新经济政策，标志着列宁创立的社会主义建设理论初步形成。可以看出，理论创新是历史必然性，理论创新的道路尽管是艰难曲折的，但实践经验告诉人们，前途是光明的，只要坚持实事求是的科学态度，从实际出发，认真借鉴古今中外的科学理论，深入群众，深入实践，坚持理论与实践相结合，那么，理论创新就一定能成功，并且带来巨大的效益。

理论创新与先进文化的发展

理论创新是中国共产党始终成为中国先进文化前进方向忠实代表的基本前提。及时总结实践中所形成的新经验、新思想、新认识，理论进一步系统化，才能把马克思主义推向新境界。理论是系统化了的理性认识，人类的精神财富或社会的意识形态都是其重要的内容。科学的理论是在社会实践基础上产生并经过社会实践证明的理论，是客观事物的本质和规律的正确反映。所以，科学理论就成为人类文化更为重要的内容。科学理论的重要意义还在于它能指导人们的行动。马克思曾经说过，理论一经掌握群众，也会变成物质力量。文化创新就是以先进的文化教育人，就是以崇高的道德塑造人。人世间最高的荣誉是"立德"。科学理论与先进文化是相通的，科学的理论就代表着先进的文化。先进文化是在科学理论指导下，人类社会实践的理性升华，是人类文明积累和进步思想的总结。科学理论是在社会实践中通过理论创新形成的，没有理论创新，就不能保证党的理论的科学性和先进性。科学理论作为现当代中国文化的重要内容，决定着中国文化的先进性，并决定着中国先进文化的前进方向，而科学理论又是在社会实践基础上通过理论创新形成的。所以，理论创新就必然成为中国共产党始终代表中国先进文化前进方向的基本前提。

改革呼唤理论创新

恩格斯指出，每一时代的理论思维，从而我们时代的理论思维，都是一种历史的产物，在不同的时代具有非常不同的形式，并因而具有非常不同的内容。坚持和发展马克思主义是中国共产党人的优良传统和作风，也是马克思主义理论先进性的要求。进行理论创新，就是要使党的基本理论在继承的基础上不断吸取新的思想而发展。改革开放走过的历程，可以说是摸着石头过河，今后还能不能继续摸下去呢，当然难免还要"摸"，但是有了改革开放的经验，完全靠摸着石头过河是不行的，必须逐步建立自己的理论体系。国家正在迈向一个崭新的时代，中国就像一个沉睡了百年的巨人，抖落了传统计划经济的尘灰，丢掉了封闭自大的狂热，放下架子向别人学习了，迅速地赶上世界前进的步伐。然而必须面对一些人醒悟得晚、思想准备不足、理论准备不够等问题进行教育和引导。过去是闭关自守，现在是对外开放，但是国门一开，清风与浊流都进来了，苍蝇蚊子也进来了，既有现代化大生产的经验，又有资本主义腐朽的生活方式，这就形成一个矛盾。面对改革开放后如何保护和发扬本民族的工业，不使沦为发达国家的依附；改革开放与民族独立的矛盾等问题，怎样在理论上解决好，必须在理论上作出回答。非公有经济，私有经济的发展，在什么样的情况下才能够保证社会主义公有经济的主体地位，在理论上也需要深化。现在中国已经走上了一条崭新的道路，这是一条改革开放的义无反顾之路。一方面，告别了那种传统的社会主义，开创了有中国特色的社会主义；另一方面，对如何建设有中国特色的社会主义，还需要继续理论创新。总的来说，新时代迫切地呼唤着解放思想，迫切地呼唤着理论创新。因为，理论应该超前创新，时代的发展也呼唤着理论创新。

创 · 新 · 方 · 略 · 论

　　创新是一种探索活动，闯出别人没有走过的道路，干出别人没有做过的事情，从而做出新的贡献。

第二章　创新思维

一、创新思维是智力的最高形式

创新思维就是优化组合多种思维方式从而取得新成果的综合思维。创新思维的新，体现在新成果上，而不是思维本身。从总体来讲，创新思维不是一种新思维，而是自古就有。《易经》就率先提出了"革故鼎新"、"不主常故"等创新的思想，并涉及许多创新思维方式。从发展的眼光来看，随着社会的进步，人类的思维能力在不断提高，创新思维的力度也在逐步强化。

创新思维在认识中起着根本的作用

创新思维有力地推动了社会的进步，常规思维却在一定程度上延缓了人类社会发展的进程。只有思维创新才能发现前人没有发现的新事物，才能认识前人没有认识的新问题，人类正是通过创造性思维才能更好地认识世界，从而成功地改造世界。新奇的现象通常是新生事物萌芽与发展的前兆。爱因斯坦认为，在创新的活动中，从特殊到一般的道路是直觉的。正确的思维方法是加强对直觉引起注意的新奇现象的研究。现代军用头盔的诞生就是一例。1914年，在德国进攻的炮火中，一个正在厨房值班的法国士兵慌乱之中将一口铁锅扣在头上，炮击过后附近的其他法国士兵大都被炸死了，而这位士兵却因铁锅而幸免于难。这引起了法国将军亚德里安的注意，他专门组织人进行研究，于是就有了现代的金属防护头盔。许多新奇现象是隐藏的，或者说它其中的新意是隐藏的。这就需要锻炼并运用敏锐的思维，逐步促进思维的前瞻性，从而提高认识的先进性。人类认识的历史是科学的历史，也是人类创新思维发展的历史。人思维的创造性是指在科学认识活动中探索未知的能力，进行独创和创新的能力，是运用一切已知的信息知识，创造出某种新颖有社会价值的产品的能力。创造是人的智力在较高层次上的表现，是人类特有的能力。从人在自然界与社会中所处的位置来看，创造力的大小是生产力水平和科学技术水平高低的反映。科学认识活动是一种生产知识的活动，其目的在于依靠一定的科学实践做基础，经过科学抽象而达到对于客观事物的本质的认识，从而创造出表现为逻辑形态的科学理论。达到这一目的，不仅要靠逻辑思维，而且要靠各种思维形式和多种心理要素共同发挥作用。然而，最为重要的是要发挥创造性思维的作用，使人在创造激情的推动下，采取各种思维形式，一跃而突破旧的思想体系，创造和探索出新的思想。在思维过程中，要看到每一个人已经看到的东西，但更要想到任何人都还没想到的地方。古书《智囊补》上记载了这样一件事，京城里有一伙强盗抢劫一户人家时，丢下一本册子，上面记载的尽是富家子弟的姓名和他们聚赌嫖娼的事，官府就按照册子上的姓名把人拘捕到庭，发现全是行为放荡的青少年，喝酒赌博又都是事实，官府就认为这次抢劫是他们干的。其实，那本小册子是强盗专门丢下转移视线的。这些青少年屈打成招，并"招认"了埋藏赃物的地点。官府派人去挖，果然都找到了。案子就这样结了，只待处决。有一个官员对案情很怀疑，左思右想，忽然想到自己手下一个有长胡子的人，是个养马的。为什么一审理本案，他就总是到自己身边伺候？于是他又故意提审了几次罪犯，那个有长胡子的还是每次都来，而审别的案子他却不来。官员趁他不防忽然问他来干什么？他支吾着说没什么事。官员就叫人把炮烙刑拿到公堂上来，长胡子吓坏了，急忙招供。原来是强盗叫他监听此案，记下审理此案时官员与犯人的对话，然后告诉他们。强盗答应给他一百两银子作报酬。那次挖出的赃物就是强盗根据长胡子的报告连夜埋在那里的。于是官员就让长胡子带路，在一个偏僻的地方捉住了强盗，释放了那伙青少年。这个故事说明官员的高明之处就在于他不但留心观察，抓住了偶然发生的反常现象，注意到别人不注意的问题，而且追根刨底，从偶然中发现了必然。要突破旧的科学观念和理论，侧重科学思维艺术的提高。突破现有的知识范畴，侧重技能和信息量的改善与发展。现代科学技术特别是高新技术，具有更高的多层次、多领域、多技术的综合形态，反映这一客观发展的前沿，思维必须有所创新，思维形式必须有所发展，才能获得思维中的创造。思维创新在科学认识活动中起着基础的根本性的作用。在当代科学技术的条件下，思维方式的重要性已经超过了以往任何一个历史时期。随着现代科学技术的深入发展，自动控制技术装置、电子计算机、人工智能普遍应用于社会生活的各个方面，将出现生产智能化、组织管理智能化和生活环境智能化，人们会更好地发挥创造性思维，准确系统地思考，把人类自然智能和人工智能结合起来，创造出新的思维方式，按照当代和未来社会发展的需要进行更有成效的知识生产。

创新思维是决定性的能量

在创新过程中多种思维方式的优化组合带有一定的主观随意性，要真正达到优化组合，就必须遵循一条原则，那就是作用互补。就是说各种思维方式，不论是抽象思维、形象思维、灵感思维、直觉思维，还是发散思维、聚合思维、逆向思维、侧向思维、跳跃思维等，在创新活动中要相辅相成，共同起作用，而不能孤军作战。创新思维的本质是思维的灵活性，思维的灵活性主要表现在能够审时度势，善于针对不同的情况综合运用各种创新思维方式。能够随机应变，善于更换创新思维方式。创新思维方式是确定的，有相对的稳定性。但是，在具体的创新活动中选用哪些创新思维方式，怎样运用这些创新思维方式却是多变的，并且带有很大的随机性。著名科学方法论学者波普尔说，正是怀疑和问题鼓励我们去学习，去观察，去实践，去发展知识。许多创新是先产生怀疑，再提出问题，而后得到事实现象的验证。冲锋枪的出现是源于人们在实战中感到在步枪和手枪之间还应配备一种火力较猛的单兵近战武器。二战后，许多国家又感到步枪火力不足，而冲锋枪由于枪弹所限，射程和威力不够令人满意。人们希望有一种自动枪械，使其同时具有冲锋枪的密集火力和步枪的射击精度。于是经过专门研制就诞生了 20 世纪 60 年代以美国 M16 为代表的小口径自动步枪，以及现代的微型冲锋枪等。要眼光敏锐地去考察，大胆地去怀疑，敢于提出问题。一个人创新思维能力的高低，主要体现在灵活运用创新思维方式能力的强弱。思维定式是创新思维的障碍。思维定式的主要特征是守旧，具有这种思维方式的人，不善于灵活变通，不能开发大脑的潜力，埋没了自己的聪明才智，只会走老路，搞不出新的思维成果。爱因斯坦曾说：停留在出现问题的思维水平上不可能解决出现的问题，如果不首先改变自己的思维框架，由简单的非此即彼的线性思维转向"复杂"的环环相扣的系统思维，那么就永远不可能摆脱"怪圈"的阴影。事物之间的因果联系本来就不是一段线，而是一个环。不合理的简单思维才使之支离破碎。因此，要发展创新思维，必须打破思维定式，让思维更开放、更活跃、更灵活，使大脑变得更聪明。现代社会所急需的人才，不是记忆型的，而是创造型的。李政道博士曾说过："培养人才最重要的是培养创造能力。"坦白地说，我国的教育，从孔夫子到科举制度为代表的封建传统教育，以至新中国成立以后的教育，一直没有摆脱传统文化和教育体制的羁绊。我们的幼儿园，过早地灌输某种技能，而国外的幼儿园主要是引导幼儿天生的好奇心，引导孩子用自己的感性经验了解世界，引导他们探索世界奥秘的兴趣。

学校传授知识时，也是更注重启发学生提出问题，考试更多的是让学生自主地寻找回答问题的方式，而不要求有标准答案。而我们考试离开标准答案，即使基本定义、路子是对的也要扣分。这实际上是约束人的个性和创新思维。由于受"应试教育"的影响，创新教育的成绩平平，培养出的大学生乃至研究生虽有较强的记忆力，知识功底不错，但有的缺乏创新能力。2000 年，中国科学院请了六位诺贝尔奖获得者来对创新工程进行评价。这六位大师都一再讲，一定要让青年人更早一些独立自主，不要由老的人管着他们。其中有一位诺贝尔化学奖获得者是发现化学反应中电子迁移的化学专家。他讲了这样一件事：40 多年前，他在加州理工学院化学系读博士时，接到导师让做的研究题目后，他觉得意义不大不愿意做，就找导师说这个题目太古老了，没兴趣做。他想做电子迁移的研究。导师回答说，你对这个问题有兴趣就去做吧。但是，做不出来的话，就得取消你的资格。就是因为当时有了这样的决定，他后来获得了诺贝尔奖。在中国这种情况是很难出现的，碰到这种情况，要么导师发火，要么学生压根儿就没有勇气提出来。年轻人缺乏独立思考和自主意识，势必影响他们的发展。智力是创新思维能力的一个重要因素，是创新思维能力的必要条件。一个智力低下的人不可能具有很强的创新思维能力，但一个智力高的人创新思维能力却不一定很强。有的人知识渊博，智力不错，但因为没有创新意识，缺乏创新思维能力，却无所作为；有的人与前者相比知识功底较差，智力相仿，但因有极强的创新意识和不竭的进取精神，创出了辉煌的业绩，取得了累累硕果。智力是创新思维能力的基础，创新思维能力是智力的最高表现形式。两者具有密切的联系，但并不相同。智力是在已知的知识范围内所表现出来的能力，而创新思维能力是以已知的知识为基础，在探索未知知识的过程中所表现出来的能力。创新思维能力是由已知通向未知的桥梁，是连接已知和未知的纽带，是把未知变成已知的决定性能量。

创新思维是人们的智力资源

知识经济以智力资源为根本，智力本质上就是创新。如果没有创新思维，就没有智力资源。一般来说人的思维都包含着创新成分。这里的创新思维，从社会角度看一方面是指具有新颖性，是过去未曾有过的；另一方面要讲社会效益性，即指对社会进步有价值的新思维成果。这种创新思维成果就是知识经济中最根本的智力资源，也是知识经济中财富的基本源泉。人的创新思维能力是能够提高的，因为创新思维方法是可以把握的，创新思维是有规律的。近几十年来国内外对这方面研究已取得许多有价值的成果。对一个人来说，受过创新思维训练与未受过训练，其思维灵敏性是大不相同的。因此，应把创新思维作为一门极其重要的科学来研究和学习。为了提高创新思维水平，需要创造一些基本条件。如增强人们的创新意识，提高人们创新的自觉性。提高人们的科学文化知识水平，使人们具有专广相结合的优化知识结构。开放意识是人才思维的激素，信息社会具有开放性的特点。在开放的环境中培养人才，使人才善于吸纳各种新知识，萌发创造性是时代的挑战。要鼓励人才之间互相交流，在交流中成才。很多发明家认为，好的主意往往不是绞尽脑汁，而是许多人互相讨论的结果。英国剑桥的韦尔科姆癌症研究所，由于鼓励各类人员之间互相影响，使研究工作受益匪浅。他们认为，激励员工之间互相影响，是使人才的新思维长流不息的最佳方法。该所所长提出，我们的目的是不让职员躲在一隅，想着自己应该如何去做。这里有着极其丰富的活动，人们到处走动，互相交谈，共用设备，我们相信，通过与他人交谈讨论，可以节约科研时间。美国硅谷图形公司为了激励香港研究中心员工之间互相影响，特意在食堂里设置一块记事板，以便让员工们见面时互相能交换看法。这个公司对员工的上班时间并不严格要求，一位销售部主任说，让一个人坐在桌子前 8 小时，并不意味着他能干 8 小时的活儿。我们尊重人的个性和思想，换句话说，我们让员工们获得权力，使他们美梦成真。具有开放意识的人才，其创造性和潜能就能得到更充分的发挥。

灵感是创新思维的重要方式

直觉思维伴随着被称为"灵感"这一特殊的心理体验和心理过程，它是认识主体的创造力突然达到超水平发挥的一种心理状态。灵感思维在科技创新中具有多种具体表现形式，借助灵感思维完成科技创新，可以增强科技创新能力，提高科技创新水平，加快科技创新步伐，进而推动整个社会的发展。捕捉瞬间的灵感是创新的关键，灵感存在短暂的一瞬间具有突破性，可以说稍纵即逝。没有长期艰苦的创新思维活动形式的知识积累，很难爆发出灵感的火花。军事上的无数事例证明，那些颇有建树的军事家、军事理论家们创造的许多著名战法或理论，都与他们在长期的战争实践中潜心研究、不懈探索并善于把握和捕捉"灵感"是分不开的。如克劳塞维茨曾打算把自己关于战争的想法写成"格言式"的文章，然而在他长期思考、深入研究材料的准备过程中，突然灵感出现，意识到可以把这些"金属的小颗粒"汇总成为对战争的详细论述。正是由于这一"灵感"的出现，产生了彪炳世界史册的军事名著《战争论》。由此可见，头脑中丰富的信息储备和长时间的积极思考，是灵感产生的两个必要条件。长期以来，有人不承认灵感的存在，认为灵感是唯心主义的观点。也有人夸大灵感的决定性作用，这都是片面的。应该说二者是相辅相成，互相依存的。灵感不是凭空出现的，而是思维活动的积累。知识积累到一定程度，在一定压力作用下，就会自动爆发。因此，突发的灵感是创新成功的关键，其核心是顿悟。灵感思维在科技创新中有不期而至、梦中惊成、自由遐想等多种具体表现形式，所谓不期而至，即思维主体在长期思考不出来的情况下，暂时把课题搁置起来，去进行与该研究无关的活动，然后在不期而至期间，无意找到了答案或线索，完成了久悬未决的研究项目。像意大利的费米在郊外捕捉壁虎的一瞬间，脑海中闪出量子力学的一条定律。现代心理学认为，梦是以被动的想象和意念表现出来的思维主体对客观现实的反映。不过，并不是所有人的梦都具有创造性的内容。就是说，这种梦中惊成，同样也只是留给那些有准备的科学头脑的。19世纪初，有一个问题严重地困扰着世界各国的化学家：已发现的各个化学元素之间是否存在着一定的内在联系？这一问题强烈地吸引着他们，使他们对之进行了艰苦的思考和研究。俄国化学家门捷列夫自1865 年担任彼得堡大学的化学工程学代理教授以后，便开始着手撰写一本新的无机化学教材。他仔细地研究了各种化学元素及其化合物的性质，在一段时间里对各种元素的次序该怎么排列，产生了浓厚的兴趣。他找了几张厚纸，在上面打上格子，分别写上化学元素的名称、原子量、化合物和主要性质，并将他们剪成小卡片。他把这些卡片一会儿这样排列，一会儿那样排列，希望通过排列它们的顺序，能够体现出元素之间的某些内在联系。如此紧张地工作了三天三夜，仍然毫无结果。由于过度疲劳，他迷迷糊糊地睡着了。在梦中，他竟见到了一张他日思夜想的元素表。每一横行都是按化学元素原子量的逐步增大而排列，同时又按它们的性质的相似性对应着排成几个纵列。门捷列夫猛然醒来，立即记下了梦中出现的那张表。经过反复核算，他发现只有一处需要修改。门捷列夫兴奋地拿起铅笔在纸上写下了这样的标题：根据元素的原子及其化学近似性试排的元素表。就这样化学发展史上具有里程碑意义的元素周期表诞生了。它就是今天见到的周期表的雏形。门捷列夫的这一伟大贡献，不仅在于他发现了元素周期表，而且在于他在元素周期表中预言的元素，竟与后人发现惊人的一致。后来，有记者问门捷列夫："您怎么做梦就能梦出一张元素周期表来?"门捷列夫听后哈哈大笑,反问记者:"你以为做一个梦就能梦出一张化学元素周期表来吗?你可知道我研究这个问题已经 20 年了!"梦幻创新是思维主体一系列研究活动通过梦的偶然而实现的必然结果,是长期辛勤劳动的结晶。可以发现,梦的素材与研究课题的内容,梦的情节与研究过程的各种尝试,梦的结晶与课题目标之间都存在内在的必然联系。科学上还有一种自由遐想,但这种情况不等于某些人的胡思乱想,也不同于科学研究中按常规模式进行的反复思考。它是研究者自觉地放弃僵化保守的思维习惯,围绕科研主题,依照一定程序对头脑中的大量信息进行自由组合,经过数次的逻辑推理,终于水到渠成,使有充分准备的研究者产生联想,从而推导出新的发明。如阿基米德由不便测定的人体体积可以通过浴盆中排出的洗澡水来准确测定,猛然领悟到利用这个方法可以测定不规则物体皇冠的体积,进而可以通过称重、测量比重的方法,断定皇冠是否由纯金做成。据说,法国的笛卡儿从一只苍蝇在天花板上爬动,发现了点、线、面的关系,进而创立了"解析几何",将"运动"和"辩证法"导入数学领域。现实生活中还有一些问题的提出比较突然,事先毫无思想准备,无法按常规形成寻解定式,要求尽快作出反应,时间比较紧促,不容许拖延解决过程。如果不能在短时间内迅速解决，后果不堪设想，甚至危及生命。急中生智，出奇制胜在社会活动特别是军事活动中数不胜数，在科技创新中也不少见。1863 年的一场大水冲毁了休伦埠的全部交通通信设施，正当人们一筹莫展之时，爱迪生突然想到火车的汽笛，便用长短不同的汽笛声代替电码向临近的车站发出一次次求援的"电报"，附近火车站的同样焦急而又机灵的报务员马上明白了一切，终于使洪水中绝望的全城人得到救援。直到今天，汽笛信号仍然是雾中航船的有效联络手段。灵感过去一直被认为只是少数天才的特殊技能。特别是由于它们那种非自主的突发性、跳跃性、瞬间性等性质，使得人们误以为是难以把握和认识的。实际上，灵感并不是神秘莫测、高不可攀的思维活动。如果自己有意识地加以培养，在实践中经常地、灵活地运用多种灵感思维方法，自觉地、冷静地观察与思考，就一定会有所突破，从而解决科技难题，完成科技创新。杨振宁指出："中国的物理教学中有一个倾向，即使人觉得物理就是逻辑。逻辑，没有问题是物理的一个部分，可是只是逻辑的物理是不会前进的。必须还要能够跳跃。"由此可见，科学技术也需要运用灵感形象思维来飞跃式地直接进行创新。

二、创新思维是创新的基础

人类社会的发展依赖于人们的创新活动，而一切创新活动都是来自于创新思维，并且是创新思维的外化和结果。在现代管理活动中，人们越来越把创新思维视做优化管理系统、提高管理效益和增强管理功能的动力源。

创新思维是一切创新活动的前提

所谓创新思维是指一个人在思考和解决问题过程中，能站在与别人不同的角度观察，能提出与别人不同且能经得起检验的新观点、新思路、新方案。人的创造性思维不是凭空产生的，而是以掌握基本知识及思维方式为前提的。创新思维是创新或者创造的思维基础，人们的成长应以培养创新思维为核心。创新思维是人才素质结构中的关键因素。因此创新人才通常应具备积极进取的开拓创新精神，具备崇高的品质和对事业的责任感，具备竞争中有较强的适应能力，具备宽实的基础知识技能，具备会学习的能力，具备协作和人际交往的能力。创新人才的整个素质结构中，贯穿和体现了创新思维素质，把创新能力作为各种能力的核心能力。如果没有创新思维素质，缺乏创新能力，就不能在激烈的竞争中成为佼佼者。创新思维素质是跨世纪人才素质结构中的关键素质，创新思维是创新个性发展的基础，是培养创新人才的前提条件。创新人才必须具备一定的创新意识。有了创新的兴趣、欲望和动机，才能自觉地发现问题，提出问题，从而创造性地解决问题。如爱迪生一生发明 1093 项专利，他给自己提出每 10 天一小发明，每半年一大发明的定额，以此来保持创造力。80 多岁时还坚持天天工作，并取得不少发明成果。创新人才必须具备一定的创新思维。流畅、灵活、独创、缜密是这种思维的基本要求。具体表现为敏锐的观察力、发散性思维和丰富的想象力。敏锐的观察力有助于发现问题。居里夫人发现镭，英国天文学家哈雷揭开彗星的秘密，无不得力于此。发散性思维是一种不依靠常规，寻求变异，从多角度寻求答案的一种思维方式。丰富的想象力使人在事物间建立广泛的联系，为创新拓宽道路。创新人才必须具备一定的创新个性。这种个性包含好奇心、挑战性、冒险性和坚韧性等。挑战性与冒险性是指不畏风险，敢于怀疑和批判。毫无疑问，如果没有对亚里士多德的大胆怀疑，就没有伽利略的自由落体实验。创新是一种探索活动，闯出别人没有走过的道路，干出别人没有做过的事情，从而为人类社会的进步做出新的贡献。这就需要具有良好的创新个性。所谓创新个性，就是一个人在生理素质的基础上，通过教育和社会实践活动形成和发展起来的创新素质。总的来说，创新个性离不开创新思维，必须在创新思维的基础上得到发展。事实证明，凡是创新能力强的人，都具有相应的创新思维能力。

创新思维根源于创新要求

《周易》的太极图，是人类所能描绘的最神妙的图画。它从复杂的自然现象和社会现象中抽象出阴、阳两个基本范畴，黑白两极判然有别而又浑然一体，它们此消彼长，相互交感，相互依存地运动着，变化着以至无穷。根据这个原则，事物在变化在发展前进时就如日中天，前程万里，反之则停滞、守旧、气息奄奄。太极图生动地表达了自然界和社会存在的本质，表达了创新思维的本质。这也足以证明，早在公元前，先人们对辩证法的核心就有了感悟，说明了中华民族不愧为一个富有智慧和创新思维的民族，一个握有历史命运的民族，一个前途光明的民族。创新是创造与革新的合称，是从新构想、新观念产生到这些新观念、新构想运用的全过程。与创新的概念相对称的是维持的概念，维持与创新是一种对立统一的关系。在直观的层面上，人类实践活动的基本内容可以看做为维持与创新的矛盾统一体。因为，任何事物都是在维持或创新中发展的，适度的维持与适度的创新是事物发展的结合。维持是事物发展的量变，创新是孕育在事物发展中的质变。爱因斯坦说，他的问题是由于"不理解最明显的东西"所引起的，对司空见惯的现象提出质疑，发现别人容易忽略的细微的变化，在没有做出合理解释之前不轻易放过实验中的偶然现象和普遍现象中的例外，常常是发现问题的契机。随着科学技术日新月异的新时代，知识增量越来越显示出创新的作用远胜于维持的作用。所以，仅仅发挥维持的功能是不够的。爱因斯坦为什么去研究相对论？当时，他在伯尔尼做专利管理员，科学研究不是他的本业，是他的业余爱好。他搞研究主要是因为牛顿力学和当时进行的物理实验之间产生了矛盾，对一些现象解释不了。他想搞清楚"为什么？"他认为牛顿力学有缺陷，涵盖得不全面，这是他研究的基本目的。爱因斯坦推导能量等于质量乘以速度平方，绝不是为推导出一个新理论，而是为了认识事物的本质，认识质量、能量与运动之间的关系。创新是人类活动中的一种普遍行为，它存在于人类生活的每一个领域中。无论创新的规模是怎样的，无论创新发生在哪个层面，无论创新的性质如何，人们的责任就是要把一切创新都纳入自觉的、有意识的范畴。因为自觉的才是主动的，只有当创新活动是一种自觉的活动，人们才能够在其活动中掌握主动权。这样一来，就对人们提出了较高的要求，不仅要有强烈的创新意识，而且要认识和研究创新思维的规律，学会正确地把创新思维运用于创新活动之中。

创新思维是管理活动的核心

现代管理中的创新思维，是指管理者积极探索环境与组织自身发展中的未知领域，开拓和创建组织发展新局面的思维活动。在组织活动中，新技术的发明、新观念的形成、新理论的创新，都应当归因于创新思维的形成。人类社会结构的变迁，人与人之间关系文明形式的改善，无穷无尽的物质财富和精神财富的不断涌现等，都应从人的创新思维中去寻找根源。特别是在管理者的创新思维中，包含着人类进步的重大秘密。管理历来都是管理者施展才华发挥创造性的舞台。当人们说管理是一门艺术时，包含着不断地进行创新，才可能获得生存的价值，才可能取得成功的机会。如果缺乏创新，就意味着平庸，即使去模仿那些成功者的做法，也是把自己放在赝品的位置上。所以，成功的管理就是创新，而创新恰恰是创新思维的结果。创新之所以是管理的一项重要职能，是管理活动必须有创新伴随，不仅因为管理活动是处在每时每刻都变化着的内外环境中，而且是以创新来适应和迎接这些变化。管理活动总是富于综合性的社会活动，管理必然要受到政治、经济、文化等各种因素的影响，这些因素在管理活动中的交汇，就意味着必须有人们的创新举措来加以回应。各个领域的管理活动推动了人类进步和社会发展，正是创新使管理活动担负起了推动人类进步和社会发展的功能。创新思维是一切管理知识和经验的源泉。对于人们来说，前人的管理经验是他需要学习和掌握的管理知识，而自己又在不断地创造和积累着新的管理经验。经验和知识就其来源看都是源于人们的创新思维，是被固定下来的创新思维的结果。一个人如果没有创新，就不可能有自己的管理经验，永远只能模仿和重复别人的创新成果。在管理活动中，管理者每日每时都会遇到新的问题。对这些新问题的解决是没有先例的，必须创造性地处理这些问题，而这恰恰是衡量管理水平的标志。人们主动地运用创新思维从事管理工作，就不会满足于管理的现状，就不会由于内外环境的压力而改变管理方式和方法，就会主动地探求新的管理方式和方法，不断地开拓进取。只有渴求创新才可能有所创新。诺贝尔奖获得者著名物理学教授温伯格说："科学的第一个重要的素质是进攻性，不是人与人之间关系中的进攻性，而是对大自然的进攻性，不要安于书本上给你的答案，要去尝试下一步，尝试发现有什么与书本上不同的东西。这种素质可能比智力更重要，往往成为区别最好的学生和次好的学生的分水岭。"剑桥大学动物病理学教授贝弗里奇写道："也许，对于研究人员来说，最基本的两条品格是对科学的热爱和难以满足的好奇心。一个人的想象力，如果不能因想到有对能发现前人从未发现过的事物而受到激励，那么，他从事科学研究只能是浪费自己和他人的时间，因为只有那些抱有真正兴趣和热情的人才会成功。"没有渴求创新的人，他不会去"尝试发现"。而渴求创新的意识又是建立在对祖国对科学的热爱，对科学的兴趣与好奇心。开发创造能力需要一种强烈的永不衰竭的好奇心，任何一个科学家的重大贡献，都与他在这方面的好奇心和浓厚兴趣有着密切的关系。所谓科学技术上的好奇心，就是对科学与技术内在蕴藏的规律的浓厚兴趣和寻找这些规律的强烈的欲望。科学所反映的规律是一种客观存在，但它经常被现象掩盖着，并在现象中不断反映出来。难以满足的好奇心，使人们能及时抓住在现象中偶然表现出来的规律性。科学家往往因为对某个事物产生了强烈的好奇心，才会对它进行深入细致的研究。居里夫人对放射性的好奇心，可以说是一生而不变。她的女儿写道，在玛丽的性格里，好奇心，妇人的非凡的好奇心，学者的第一种美德，发展到了最高度。强烈的好奇心会增强人们对外界信息的敏感性，对新出现的情况和新发生的变化及时作出反应，发现问题，并追根寻源，激发思考，引起探索欲望，开始创新活动。许多看似偶然的发现其实都隐含着一种必然，发现者必然具有强烈的好奇心理。缺乏好奇心，必然对外界的信息反应迟钝，对诸多有意义的现象熟视无睹，对问题无动于衷，更枉论创造与发明。我国著名地质学家李四光充分肯定质疑在科学创新中的重要作用时说："不怀疑不能见真理，所以我希望大家都取一种怀疑的态度，不要为已成的学说压倒。"对既有的学说和权威的、流行的解释，不是简单地接受与信奉，而是持批判和怀疑态度，由质疑进而求异，才能另辟蹊径，突破传统观念，大胆创立新说。对于管理者来说，是否具有创新思维，是由多方面的因素决定的，管理经验、知识水平和文化素养都是创新思维的前提。但在管理活动中，最能激发创新思维的因素是目标、意志、兴趣、情感等。目标是激发创新思维的首要因素，可以说一切创新都是追求目标的行动，目标是构成人们创新活动经久不衰的动机和动力，不断地激发创造和探索。当一个人确定了他所追求的目标之后，就必然会把他所潜藏的能力充分调动起来，投入高效率的使用过程，展开创新思维。人为了达到一定的目标，自觉地运用自己的智力和体力进行活动，自觉地与困难作斗争，以及自觉地节制自己的行为。在创新活动中，由于困难和障碍是不可避免的，人的精神处在高度紧张的状态，意志的因素就起着异常重要的作用。就是说，创新思维是一闪而过的火花，还是必须执著地付诸实施的思维，很大程度上取决于人的意志。一个有重大意义的独创性的科学设想，往往是对原有理论的某种程度的突破，在它提出之初，很容易遭到多数人的反对，甚至一度被否定。坚持实事求是的态度，捍卫科学设想是堪称创新性的必要前提。在整个 18 世纪，光学都是以牛顿的"微粒说"占统治地位，牛顿的巨大权威使"波动说"沉寂了很长一个时期。1801 年，青年物理学家托马斯根据光的干涉、衍射等观测事实，与声的现象相类比，勇敢地站了出来向物理学上的巨人挑战。他有重要干涉原理的论文，成为牛顿以来最重要的物理学文献之一。但托马斯的首创精神遭到了无情的压制。有人在著名的物理期刊《爱丁堡评论》上指责托马斯的文章为"荒唐"和"不合逻辑"。写道："我们想对革新创造发表点意见，它们除了阻碍科学的进展以外不会有别的效果。"托马斯被压制了 20 年之久，却始终没有气馁。他说："虽然我仰慕牛顿的大名，但我并不因此非得认为他是万无一失的。我遗憾地看到他也会弄错，而他的权威也许有时甚至阻碍了科学的进步。"托马斯实事求是，另辟蹊径，复兴了光的"波动说"。对于一个人来说，兴趣应当具有广泛性，同时兴趣又应当具有收敛性，以保证能够把创新思维集中到对某些重点问题的解决上，形成一种具有突破性的创新能力。哈洛克是纽约一家食杂店的小老板，尽管深思熟虑，倾尽心力，仍敌不过同行的竞争，门可罗雀。一天，哈洛克突发奇想，打出一则新奇的广告：出售纯正北极冰奇妙无比的"史前冰饮料"。他首次推出的北极冰，每公斤售价 20 美元，足够冰镇 50 杯饮料。广告一经刊出，人们纷至沓来，都想亲口尝一尝"史前冰饮料"的味道，食品店生意立刻变得十分兴隆。哈洛克马上飞往丹麦，立即与丹麦政府签订了优惠进口大批北极冰的协议，并在美国各地开展了推销活动。"史前冰"之所以受到美国消费者的青睐，是因为哈洛克迎合了美国人的好奇心理。这些冰是 10 万年前在水、空气没有被污染的北极结成，质地极为纯正。最奇妙的是"史前冰"在融化时会发生"啪啪"的响声，在阳光下显得非常美丽，极受消费者欢迎，而且只有把它放在自然水或威士忌里饮用时，才能真正品尝出这种史前冰块的纯正味道。哈洛克的成功与其执著的追求和这种好奇心理品质是分不开的。有意识地培养自己优良的个性和心理品质，以保证在任何需要的时候，都能拥有进行创新思维的心理基础。知识和经验越丰富，就越能观察和发现到问题，也就越能开辟出创新思维的新领域来。人们凭着知识和经验对信息进行筛选，从中发现问题。具有知识和经验的人们往往能够在人们熟视无睹的现象中看到其深藏着的奥秘，并努力去揭开这些奥秘。进行成功的创新思维，必须从自己的智力、才能和素质等实际情况出发，才能设计出成功的道路。而能否发现这个出发点，取决于他的知识和经验，知识和经验越丰富确定的出发点就越正确，确定的目标就越切实可行。知识和经验越丰富，视野越开阔，思路越宽广，就会进行丰富的想象，把已知的东西用于分析未知的东西，从而进一步认识未知，赋予解决新问题成功的可能性。丰富的知识和经验将使管理者总处于具有先见之明的地位，并能够使其创新思维具有理论化和系统化。

创新思维是变革的重要环节

思维的创新是最基础的创新，没有思维上的变革就不会产生行动上的变化。思维形式还停留在过去，就会把新东西想老了、做旧了。思维不对路，就找不到新出路。这里关键是，一要具有超越性思维。创新本质上就是超越，有了思维的超越才会有行动的超越。诺基亚的崛起就是超越性思维的结果。诺基亚创立于 1865 年，原来是个木材加工企业，后来又经营橡胶、纸张和电缆。1988 年领导层更换时，公司运用超越性思维，做出了正确决策。他们认为，赶超有两种模式，一种是等距离赶超，一种是跨越式赶超，只有后者才是唯一出路。他们确定，把资源集中于移动通信领域，并大力付诸行动。没出 10 年，诺基亚就成为全球科技新领域的领航人，带动芬兰经济增长率上升到欧盟第二，使老牌强国英法德都很眼红。因此，要顺应时代要求，抓住机遇，实现快速发展。要超越传统方式方法的限制，善于吸取新的管理理论，使用新的科技手段，推动工作的科学化和提高工作效益。新的方法手段发展十分迅速。现在是"一上互联网，天涯若比邻"。1996 年"人机大战"时，"深蓝"电脑能在 1 秒钟内算出 1 亿个棋步。这种能力使"深蓝"在当年的国际象棋比赛中仅负于卡斯帕罗夫一人。1997 年，"深蓝"的运算能力又翻了一番，提高到每秒两亿步，这使它唯一的对手卡斯帕罗夫也只好认输。计算机和通信的高速发展，使工作中的一些难题得以解决。二要善于求异性思维。世界上的万事万物，既有普遍性，又有特殊性。认识事物的特殊性，是着眼具体情况解决具体问题的前提。这就要求必须求异图新，在求异中发现创造性思维的火花。人们学习知识是为了运用知识，并在原有知识的基础上创造新的知识。这就要敢于标新立异，在前人不曾怀疑、不曾涉足的领域去开拓新的事物，解决新的问题，找到新的答案，得出新的结论或物质成果，这就要具有求异思维的创造能力。所谓求异思维的创造能力，是指在军事创造的过程中，根据对客观事物的一个矛盾方面的认识，判断另一个矛盾的方面的本质的能力，根据对一类事物的认识转变对另一类很不相同事物认识的能力。这种能力特别表现在对各种异常现象的敏感性，能在习以为常的事物和现象的发展中转变思路，选择新的探索方向。由于这种思维过程的转变遵循和运用了军事创造中矛盾相克、相反相成的基本法则，因此很容易在军事创造中找到新关系、新途径，形成概念上的突破，达到发明创造的目的。著名的科学家、炸药的发明者诺贝尔就是一个求异思维能力很强的人。1860年他在报刊上看到索伯列发明的用于医疗领域的硝化甘油具有危险的爆炸性，于是在求异思维能力的作用下，提出了能否控制硝化甘油的爆炸，制造炸药的设想。经过多次的反复研究，他首先获得了用少量火药使硝化甘油爆炸的专利权。以后又经过多次失败，以血的代价换来了雷管的诞生，成功地解决了引爆问题。1997年诺贝尔化学奖获得者朱棣文在谈到一个成功者的经验时说：“一个人要想取得成功，最重要的一点就是要学会用与别人不同的思维方式、别人忽略的思维方式来思考问题。”耶路撒冷有一个叫芬克斯的西餐酒吧，面积只有 30 平方米，一个柜台，五张桌子，极为普通。但从二战结束到现在，名气越来越大，曾连续三年被美国《新闻周刊》选入世界最佳酒吧的前 15 名。这主要是因为那个大名鼎鼎的基辛格。20 世纪 70 年代，基辛格来到耶路撒冷，想去名声不错的芬克斯坐坐。他亲自打电话预约，店主听到基辛格要带 10 个随从，希望到时谢绝其他顾客的要求时，立即打起了主意。他的想法很独特，他认为人人都希望名人来，能带来"名人效应"，但如果不让他来，大家都想不到，一定会带来更大的"轰动"效应。结果他以顾客是上帝，不能拒绝为理由，没答应基辛格。第二天基辛格又打电话说这次只带三个随从，订一张桌子。但店主又说，明天是本店的例休日不营业，不能破例。最后基辛格还是没去成。店主把这则新闻捅了出去，美国报纸大肆宣扬，从而大大提高了芬克斯的声誉。这正如一位国际金融学家所说，把事情倒过来看，就知道机会在哪里了。三要善于原创性思维，就是另辟新径，从头做起，实现以新制胜。工作中难题很多，有的难题想了很多办法也解决不好，那么按照原创性思维的要求，就不能在一个思路上纠缠不休，正面攻不上侧面攻，可以多试几个方向，多换几个思路，也许就找到解决难题的办法。在工作十分复杂各种因素相互交叉时，更要注意抓本质，从根本上解决问题。与其缓和矛盾，不如解决矛盾，与其改良不如创新，与其在具体方法上比来比去，不如在思维方式上来一个突破。

三、提高理论思维能力

恩格斯有句名言：一个民族要想站在科学的最高峰，就一刻也不能没有理论思维。理论思维的实质是认识和把握客观事物的内在本质及其活动规律。因此，提高理论思维能力，对于每一个创新人才都是至关重要的。

理论思维的核心是辩证思维

恩格斯说过，理论思维，这种才能需要发展和培养，而为了进行这种培养，除了学习哲学，直到现在还没有别的办法。60多年前，邓小平同志在太行山工作时讲过一句话，一切都是辩证的，一切都是变化的。要按辩证法办事。毛泽东同志很欣赏这句话，认为抓住了马克思主义的实质。以后很多年，毛泽东同志经常提到这句话。一些同志只是关注自己所分管的具体工作，对学习哲学不够重视，似乎马克思主义哲学主要解决政治信仰和政治立场问题，与做好实际工作关系不大，这是一种思想认识上的误区。的确，哲学好像什么都说了，但又好像什么也没说，这种状态对于具体工作来说似乎没有多大价值，但这正是哲学的魅力。哲学所带来的辩证思维，可以摆脱传统的思维模式，拓宽认识的视野，尤其是在社会处于变革转轨时期，各种探索和超越都需要哲学作为向导，哲学的价值体现得更为充分，辩证思维的意义更显非凡。正是在这个意义上，列宁指出，辩证唯物主义世界观首先具有方法论的意义。而科学方法一旦形成，就能指导人们更有成效地进行思维，更有成效地解决实际问题。钱学森同志曾深有感触地说："马克思主义哲学确实是一件宝贝，是一件锐利的武器。我们搞科学研究如若丢掉这件宝贝，实在是太傻了。"正是基于这样一种深刻的认识，他在我国率先倡导开展了以马克思主义哲学为指导的"思维科学"研究。许多人都以为理论是枯燥的、抽象的，像空中楼阁一样远离人们，实际上理论恰恰是生动的、具体的，就存在于活生生的工作和生活之中。因为任何人都离不开辩证思维，如常说的"两分法"，对待任何事物都要既讲好的一面，又要看到不利的一面，有的放矢地加以解决。再比如，质、量、度的问题在工作中也是经常遇到的，很多事情做得不够不行，做过了也不行，能不能很好地把握住"度"，是衡量一个干部是不是成熟的重要标志。零度的水是冰，百度的水是汽，什么事情过了度就变成了另外的东西。因此，对马克思主义哲学，一定要下工夫学习和领会，真正掌握其精神实质。最基础的东西往往是最朴实的东西，也是最有用的东西。学好哲学不仅有助于确立正确的世界观，而且对实际工作也有着重大的指导作用，使人们能够借助理论这把"解剖刀"，剖开事物的表层现象，把实质性、规律性的东西抓住，找到解决问题的正确途径。理论思维的价值，就在于它能把零散的感性认识上升为系统的理性认识，用相互联系的观点分析事物，增强工作中的原则性、系统性、预见性和创造性。恩格斯在批判经验论时说过，无论对一切理论思维多么轻视，可是没有理论思维，就会连两件自然的事实也联系不起来，或者连二者之间所存在的联系都无法了解。总之，用理论指导实践，既是学习理论的根本目的，也是理论思维能力得以充分展现的重要舞台。理论与实践的结合是一个循环往复、永无完结的过程，有时理论先于实践，有时需要摸着石头过河，这些都是正常的。人们的任务就是用更新、更先进的理论指导实践，用更好的实践推动和促进理论的发展。一个人什么时候认为寻找理论与实践结合点的工作已经完结了，他对真理的探索也就真的完结了。

理论思维的前提是重视和掌握理论

江泽民同志指出，思想理论素质是领导素质的灵魂，强调无论对党和党的干部来说，理论上成熟都是政治上成熟的基础。优秀的思想素质不是与生俱来的，需要在长期的学习和实践中不断培养。邓小平同志曾经说过，不注意学习，忙于事务，思想就容易庸俗化。这个观点确实如此，思想庸俗化是一种"腐蚀剂"，容易腐蚀人们的心灵，影响人们的理想信念和精神追求，它常常由语言的传播，心中的羡慕，发展为精神上的滑坡，事业上的荒废，行为上的越轨。不加强理论学习，不注意道德修养，思想境界低下，就会浑浑噩噩，分不清哪些东西是好的，哪些东西是不好的，哪些是应该倡导的，哪些是应该抵制的，在自己的脑子里就没有了正确的是非界限、政治界限。英国哲学家培根说过，"精神上的各种缺陷，都可以通过理论学习来改善"。科学理论是"望远镜"和"显微镜"，它能使人正确认识客观规律，能够指导人们从事社会实践。现实生活中，一些干部在改革大潮的冲击下，丧失先进性，追求低级庸俗，走上犯罪的道路，一个共同教训就是从放松政治理论学习开始的，从放松马克思主义理论武装开始的。现在有些人对马克思主义产生怀疑，认为科技发展，人类已进入知识经济时代，马克思主义已经不管用了。这种态度是不可取的，这种观念也是错误的。我们党之所以一直保持它的先进性，取得革命和社会主义建设的胜利，一个重要的原因，就在于我们党始终不渝地坚持马克思主义，用这一理论武装和指导我们的实践。马克思在《〈黑格尔法哲学批判〉导言》中曾说过，"理论只要说服人，就能掌握群众；而理论只要彻底，就能说服人。"邓小平同志在改革开放之初，就曾强调过马克思主义理论根底的重要性。他说：现在，有些人发议论，往往只看现象，原因是理论和实践都没有根底。强调抓紧学习，除了讲学习的重要性和必要性之外，还因为有两个新的特点需要引起大家的注意，可以概括为"两快"：一是信息传播快。过去，由于传播媒体不发达，领导干部掌握情况比一般干部和群众要早一点、多一点，学的东西可以管几年，看问题要比下级高出一筹，一有情况可以比较自如地做工作。现在，领导干部和群众的思想准备、知识储备和知识水平，基本处于同一条起跑线上。当代社会信息传播速度大大提高，广度大大扩展，高级干部和普通百姓在获取信息上往往具有同时性、同位性，对许多问题包括一些重大问题的了解和掌握，几乎都是同步的。在这种情况下，领导干部必须更加主动地抓紧学习，才能具有领路和引导的资格，掌握领导工作的主动权。二是知识更新快。20世纪是科学技术突飞猛进的世纪，知识更新的速度惊人，难以预料。西方一位学者认为，在人类 6000 年的历史中，近 30 年开发出的知识、技术、信息的总量，与前 5970 年的总量相等，而且预计未来 30 年还将再翻一番。以计算机为例，1946 年发明的计算机需要装满整间房子，缩小到放在桌子上用了 35 年；从台式计算机发展到放在膝上的笔记本电脑，只用了 10 年时间；从笔记本电脑再到手提式，仅仅 5 年时间。联合国教科文组织在《学会生存——教育世界的今天和明天》的报告中提出了一个新观点："未来的文盲不是不识字的人，而是没有学会怎样学习的人。"如果我们不抓紧学习，就跟不上时代的发展，就会被淘汰。也就是说，形势逼着人们必须抓紧学习。《本领恐慌》是一个年轻女学生写的。她引用毛泽东的教导说：现在有一种恐慌，不是政治恐慌，也不是经济恐慌，而是本领恐慌。毛泽东还强调："情况是在不断地变化，要使自己的思想适应新的情况，就得学习。"只有不断地学习，才能不断地适应外部环境的变化。一旦学习停滞了，适应也就停滞了。1994 年 11 月在罗马召开的"首届全球终生学习大会"，强调通过一个不断的学习过程来发挥人类的潜能，激励人们努力去获得终生所需要的全部知识。其实，我国宋代大儒朱熹可以说是"终身学习"的先驱，他早就提出："无一事而不学，无一时而不学，无一处而不学，成功之路也。"今天所说的学习化生存方式，实际上就是这个意思。当今社会信息量大，知识更新快，处理信息是人们最重要的任务，这就对人的思维活动提出了特殊的要求，对人的交往能力、应变能力、创造能力提出了极高的要求。因此，人的思维要有宽度、有深度，有独特的方式。智者先行一步，愚者十年难追。有人说预知三天之后变化的是聪明人，预知三年之后变化的是智能人。现实生活中，有些人的思维好像手电筒，直来直去照不了几米远，有的思维好像天上的太阳，普照四方。所以说人和人思维的差异非常大，如一般的人尚不明白的事，思维独特的人已经办完；糊涂的人还在幻想中，明白的人已把它变成现实，思维独特的无穷力量就在于此。因此，一定要提高思维能力，掌握多种思维形式，通过学习掌握知识不断地武装头脑。学习新知识关键是要培养爱学习的兴趣。人们的知觉范围是个菱形，太熟悉的东西不想知道，根本不熟悉的东西也不想知道，最想知道的是有点知道又有点不知道的东西。因此，学习就必须要讲究方法，民主人士李公朴讲了"三条路"：一是读活书，二是活读书，三是读书活。

创造性思维素质是创造力发展的关键

创造性思维素质是在广泛积累知识的基础上，经过长期的思维训练并不断提炼、升华而形成的。一个人可能知识渊博、智商很高，但他可能一生平平庸庸，无任何创造发明方面的实绩，缺乏创造力是造成这一现象的根本原因。大凡科学技术发明创造，首先是思维方法的胜利，特别是对于研究复杂问题和前沿问题，那种简单性思维和机械思维将无济于事，需要的是创造性思维。要培养这方面的素质，就要不断提高自学能力，自己学会收集信息、整理信息，在此基础上要不断进行思维训练。要培养敏锐的发现问题、提出问题并设计和提出解决方案的能力，这整个过程就是一个具有高度创造性活动的过程，都需要借助于创造性思维的能力。思维有许多种类，对人们的思想起着重要的作用。如人们偶然从其他领域的既有事实中受到启发，进行类比、联想、辩证升华而获得成功。有人把这种情况形象地比喻为他山之石，可以攻玉。如美国的莫尔斯由邮政系统通行驿站换马受到启示，发明了电讯中继站，有效地解决了信号衰弱和消除噪音问题。可以看出这种思维方式就是把表面上毫不相干的两件事沟通起来，进行类比分析，从而发现新的问题。人们在赞誉同时代科技精英的背后，往往感叹我怎么就没有看出来呢？我怎么就没有想到呢？

其实这正是能否创新的关键之所在，所谓见微知著就是于无声处听惊雷，能从别人不觉得稀奇的平常事情上，敏锐地发现事物的苗头，并且穷追不舍，直到创新为止。利用画有对角线花纹的正方形砖铺地面是很平常的事，不过，只有古希腊的毕达哥拉斯独具慧眼，通过观察就从中发现了直角三角形的边长关系，即勾股定理。由灵感而得到的与预想目标不一致的创新成果，属意外偏得。正当思维主体集中精力研究某一课题的时候，突然遇到了与本课题没有直接关系的另一有价值的待解事物或现象，研究者迅速投入这一课题，最后引发意料之外的重大发现。如英国的道尔顿在一次买袜子挑错了颜色的小事中，发现了某些人的眼睛在识别颜色时会出现偏差，从而开创了色盲这一新的研究领域。科研工作是一个艰苦的创新型劳动，拼搏奉献是创新者必须具备的品格。奋斗目标一旦确定，锲而不舍，不到黄河不死心是科技事业获得成功的重要保证。创新人才应具有丰富的想象力，深刻的洞察力，丰富的科学知识等。这样一来，当机遇来临时，只要善于发现问题，抓住关键，分析解决问题，就可以有新的发现或发明。要培养通过想象来推测未来的能力，丰富的想象力对于一个人的创造力的发展也是十分重要的。因为"想象力比知识更重要，因为知识是有限的，而想象力概括着世界上的一切，推动着进步，并且是知识进化的根源"。准确的判断能力对于发现问题、提出问题并解决问题具有决定性的作用。它为最终的科学决策奠定了良好的基础。未来社会，将由工业经济时代的"时间是金钱、效率是生命"转变为"知识是金钱、决策是生命"。知识经济时代科学决策的宏观调控作用日渐增强，而决策的成功与否，往往系于对时、空条件变化的准确判断上。决策的目的是把知识变成能力，变成创造性的活动。判断的准确性将直接决定着活动的后果。

四、创新是知识经济的灵魂

知识经济时代的到来必将对人们现有的生产方式、生活方式、思维方式带来巨大的影响，在知识经济时代，社会进步与科技发展息息相关，求变求新的快节奏是创新的特征。因此，创新是知识经济的关键，创新是知识经济的灵魂。

知识经济的特点

20世纪80年代著名的未来学家阿尔温·托夫勒的三个浪潮理论，指出人类社会发展第一浪潮是农业经济，第二浪潮是工业经济，第三浪潮是信息经济。到了90年代，人们进一步把信息经济概括为知识经济，这样就更准确了一些。美国经济学家保罗·罗默发表了"新经济增长理论"，把当今世界经济增长归之为来自知识的增长，从经济理论上给知识经济以支持，因而使"知识经济"概念取得了共识。现在普遍认为，美国微软公司董事长比尔·盖茨连续四年大大超越当今石油、汽车大王而荣登世界首富，这一事实标志着发达国家知识经济的到来。因而世界各国都以此为战略，纷纷制定规划，采取措施。要了解知识经济，就要把握它的特点，而了解其特点首先要认识知识的特点。人们用知识经济来表示现代经济这一社会实践领域的特征。这种表示与前述当代整个实践格局的阐发是契合的。知识经济是建立在知识生产、分配和应用之上的新型经济。在这种经济形式中是知识，而不是资本或劳力成为生产要素中的最重要组成部分。正是知识决定了经济实践活动得以不断在创新中超经验、超常规地发展。在知识经济的形态中，知识自身的生产必将在整个生产领域中占据主导地位。而知识的生产与其他物质形态的生产相比，它的特点还在它的探索性、创新性，它并不着意于把已有的知识重复地再生产出来，而重在开拓未知的领域，创造出原本没有的新知识，构造出新的认识成果，其中包括新的知识、新的认识方法、新的思维模式等。创新是知识价值的核心，越是高创新的知识，其价值也就越高，而知识的增值，也就是经济的增值。如果不能实现知识增值，知识经济也必将因失去其根本基础而产生危机。一般认为，世界是两大方面，客观物质世界和主观精神世界。但是随社会发展，人的头脑中的主观认识已经越出了个体头脑，而独立地存在于各种文献图书音像软件之中。著名的哲学家波普把这一现象称之为世界3，说的是除客观物质世界和主观精神世界的一种独立于人脑外不断发展的知识体系的客观存在，使人类知识成为可继承、可持续、可无限发展的东西，才能使知识经济得以产生。因此，要了解知识经济，必须认识和强调这一点。知识经济是历史发展的必然，是成熟的市场经济的产物。它不是单纯的科技产物，更不是计划体系和长官意志的产物。所谓知识经济，首要的基础是经济本身。有了生命力的经济，才会有知识的普遍介入，才会有知识与经济的融合，而后才有知识经济的形成。人类近百年的历史经验证明，只有公平、公正的市场竞争机制，只有公开的、透明的市场运作，才会产生真正有生命力的经济。在科学技术问题上，知识经济问题往往见流不见源，见末不见本。容易被科技的成果所吸引，却往往忽视涌现科技成果的体制机制的源头。这个源头就是市场经济的社会机制。因为市场需求与市场竞争的公开性、透明性，使人的才智和积极性都能获得公开、公正的客观评价，得到公平的报偿。如果没有这种以全社会成员需求为标准的客观评价体系，没有这种可刺激人的创造性的机制源头，各种可与经济融合发展的智慧成果，是不可能大量不断涌现的。科技成果的大量涌现，并与经济配合发展的另一个源头性要素，就是人人均可享有的创造性、发展性、突破性思维的条件。这就要求在全社会大力倡导，人人敢于思考，敢于创造，敢于质疑，敢于突破的科学精神，以此来冲破旧思想的束缚。这种无形的束缚若不解开，群众中蕴藏的无穷创造潜能是难以发挥的。要人人参与创造，个个参与创新，全身心地投入拼搏，以展现人生的价值。使人人都保持这种亢进的状态，社会的活力必将大范围地涌现，创新的源泉将源源不断。迟钝还是敏感，反映了一个人的素质差异，实质上是思维守旧还是创新的问题。没有对新生事物的敏感，就根本谈不上有创新性思维。敏感者，勇于接受新生事物，不断对自身固有思维创新。迟钝者，对自己的思维迟迟不作更新，总是抱残守缺。在人的思维优势中，最可宝贵的是发展性、创造性、突破性思维。知识经济的核心是科技，关键是人才、基础是教育，灵魂是创新。知识经济是一种可持续发展的经济。这是由知识具有无限性、共享性、递增性等特点所决定的。这种以知识为基础的经济，改变和更新人类的生产方式、生活方式，可持续发展是它最基本的特点。

知识创新的层次

知识创新的微观层次对应个体或局部创新的激励和心理驱动，其结果表现为一些新想法、新观点、新假设、新思路的提出。尽管这些微观层次的创新开始时还十分微小，但却是形成宏观层次上知识创新的种子，和汽油燃烧产生的高速分子运动一样，是推动知识经济发展的原动力。新想法、新观点不是凭空产生的，它是创造性思维的产物。其中涉及知识的表达、采掘、发现等等。因此微观层次创新活动的主要问题是要搞清它的特点，寻找启发和激励个体创新精神和创造能力的具体途径。微观层次创新的特点：一是随机性。新想法、新观点、新思路的产生往往是可望而不可即，是随机发生的，很难事先预计会在什么时间、地点，在什么问题上出现创新。但可以在统计意义上把握大致的范围和时机。如人们常说机遇偏爱有准备的头脑，可以通过有准备的等待来捕捉。根据突变理论，突变往往发生在临界点附近，因此可以通过把思想推向极端和临界态来获得新的想法。二战后期，世界战争形势发生根本性转变，德国希特勒的军队全线溃败，只能退到德国首都柏林，负隅顽抗。同盟军决定全线出击，痛打落水狗，从而取得二战的最终全面胜利。指挥这场战役的是苏联著名军事指挥家朱可夫元帅。这天晚上，苏军本来想利用黑夜作掩护向德军发动突然袭击。但非常不巧的是，那天夜里天上偏偏星光闪烁，大部队出击很难做到高度隐蔽而神不知鬼不觉。难道为此而改变这次作战计划吗？朱可夫元帅独自一人紧皱眉头，慢慢地踱着步想：利用黑夜进攻，是为了让部队具有高度隐蔽性。所谓隐蔽，就是不让德军发现苏军，可这种利用黑夜让德军什么也看不见的做法，显然不能奏效。又有什么办法能达到同样的目的呢？想着想着，朱可夫灵机一动，有了！他立即发布命令，将全军的所有探照灯都集中起来，在向德军发起进攻时，苏军的 140 台大型探照灯同时射向德军阵地。极强的亮光把隐蔽在防御工事里的德军照得睁不开眼，什么也看不见的德军，完全处于被动挨打的局面而无法还击。苏军以迅雷不及掩耳之势，突破了德军的防线。朱可夫元帅创造了世界军事史上著名的战绩。二是突发性。创新往往突然出现，而不是连续工作与思维的结果。创新总是和灵感联系在一起。灵感也许与某些下意识、潜意识的活动有关。在一定程度上可以把能够产生灵感的人脑看成是具有并行运算功能的信息处理器，下意识和潜意识就是后台运算。人脑在同一时间内会在不同层次的后台对各种问题进行思考，一旦产生新的想法和思路，就会从后台转到前台，这就出现了突发性创新。1944
年12月，也就是第二次世界大战中，美军和德军在
卢森堡开始两军对垒，一场惊天动地的恶战一触即
发。指挥这场战役的美军最高司令长官巴顿将军，于
一天凌晨4点钟把秘书叫到办公室。秘书进门后，见
巴顿上半身穿着军服，下半身穿着睡衣，如此"衣
冠不整"的巴顿将军匆忙起床，必有极其重要的命
令要口授。巴顿如此"狼狈"，是因为他忽然想到，
德军在圣诞节时将会在某个地方发起进攻，于是决定
先发制人。巴顿向秘书下达了立即向德军发起进攻的
命令。果然不出巴顿所料，几乎就是在美军发起攻击
的同时，德军也发起了进攻，由于美军占了先机，终
于有效地把德军阻止在冰天雪地之中。过了一两天，
秘书不解地问巴顿："您是怎么预感到德军要攻打我
们的？"巴顿洋洋得意地一笑："老实对你说吧，那
天我是一点都不知道德军要来进攻的。"原来那天早
晨三点钟，他无缘无故地醒来时，脑中突然想起了这
事。"像这样的主意究竟是灵感还是失眠的结果，我
不敢说我知道，以往每一个战术思想几乎都是这样突
然出现在我的脑海里，而不是有意识地苦思冥想的结
果。"这次军事行动，是巴顿将军"突然灵机一动"
的又一次表现。三是价值的不确定性。根据前面对创
新的界定，完整意义上的知识创新必须具有一定的社

会功能和价值，即它必须能产生某种有用的效果。但是，产生于个人头脑中的新想法、新思路在开始出现时往往不能确切地预见其最终的价值，是祸是福也难以确定。这种情况有些类似生命体的遗传变异，它是中性的突变，是中性树法则。知识创新的中观层次就对应"发动机"的结构，这种结构是通过对微观创新活动的控制、管理和引导来实现的。其作用是将微观层次上那些分散、微小的创新经过整合使之系统化，成为一个具有特定整体属性的创新。知识创新只有在适当的社会环境中才有可能实现。知识创新的宏观环境表现为一定的政治气氛、经济体制以及文化背景。尽管环境并不能直接产生新的知识，但它却是使知识创新真正能成为社会与经济发展的支柱的必要条件。知识创新主要是智能劳动，而脑力劳动需要特殊的生活与工作环境，如研究问题需要足够的自由支配的时间和空间，需要方便地获得所需的信息、资料、数据等。因为从事知识创新的智能劳动者不仅生活在物质世界之中，也生活在精神世界中，而信息则是精神生活的食粮。现在随着全球高速信息网络的建立，这种社会环境正在日益改善。知识创新需要适当的政治环境，需要相应的法律制度加以保障，如对知识产权的保护，对知识创新劳动所得的合法占有，对知识分子个人独立思考与隐私权的保障等。制度和法律是人们正常社会活动的保证，它是人为制订的，制订它需要有一定的理论和实践依据。由于信息社会和知识经济时代刚开始，对它的研究与实践还不够，因此，在制定政策和法律时往往会自觉不自觉地站在农业经济与工业经济的立场上考虑问题较多，而对知识创新有所忽视。知识经济时代的社会劳动主体正在发生变化，它由以体力劳动为主体到脑力劳动为主体，这是一场深刻的社会变革。知识寓于两种载体之中：生命的载体、非生命的载体。生命的载体就是掌握知识并具有相应智能的人，非生命的载体包括书本、电脑软件以及各种寓知识于其中的人造自然物。知识是物质与精神的复合体。非生命的物质载体是它的结晶果，生命的精神载体则是它的激活因。知识是不断创新和增值的，这种创新和增值过程也是一个不断地在知识生命载体与非生命载体之间循环往复的双向运动过程。知识是由人创造的，它首先载负于人的精神这种生命体之中，出于生产和生活的需要，这种寓于人自身的知识总是会以各种适当的非生命的物质载体实现其客体化，成为寓于各种文字、语言、符号或技术设备等之中的比较确定化的知识。这种知识的非生命的物质载体，作为知识的结晶，它对知识的传播、继承以及物化为现实的征服自然的力量等方面具有十分重要的作用。没有这种以生命载体向非生命载体的运动，知识不可能发展，不能进一步创新。但是，如果仅仅只有这种单向的运动，知识也同样不能继续发展和创新。人类的知识还必须不断地从物的非生命载体向生命载体运动，将它再返回到人自身上来，在掌握社会已积累的知识基础上，通过人的思考、探索、研究等活动，就可以将已有的知识激活起来，赋予它新的发展因子，在原有的知识基础上创造出新的知识来。因此，人是知识发展的生命源泉，没有人对知识的掌握，知识的创新无从实现。人是知识创新与发展的生命之源，这作为一种普遍规律的概括，却又不能具体化为每一个个体都必然是事实上存在的知识激活因。能够成为这一激活因的前提条件，是人自身的创造性发展。应当承认，创造性是人所普遍具有的潜能。人文主义心理学家马斯洛指出它"极可能是一种每个人都有的遗传素质。它是一种共同的和普遍的东西。在所有健康儿童中肯定都会发现它的存在"。现代社会知识、信息等是已经作为相对独立的一种客观存在物。面对知识经济，知识分子要充分认识自己的历史的使命，同时也要充分估计到知识经济时代的长期性、艰巨性、残酷性。因为要用脑力劳动的生产方式来改造整个世界，必然触及许多人的既得利益、权力和习惯。适合于知识创新的文化环境，本质上是对创新活动方式的社会认可，提倡与鼓励标新立异、与众不同，承认和尊重个人的突出贡献。这些都是和以往农业经济、工业经济的文化环境、道德风尚极其不同的。若用体能劳动的标准来衡量脑力劳动，片面强调思想上的统一和行动上的步调一致，就将在思想上束缚知识创新。从意识形态上来说，随着智能劳动者逐步成为劳动者的主体，他必将按照自己的面目来改造整个世界，但要做到这一点首先要改造自己，使之变成知识经济时代全新的劳动者。

五、知识创新是知识经济的发动机

知识经济就是建立在知识和信息的生产、分配和使用上的经济。知识经济的突出特征是，经济增长的主要动力来自以科技为核心的知识，知识将取代劳动力成为最重要的生产要素。以知识为第一生产要素的时代，称为知识经济时代。知识经济中各种形式的创新是现代经济活动的中心内容。

知识创新的规律和特征

知识创新作为一个具有社会经济意义的概念，包含两个方面的内容，就是知识、创新。对于知识应该从广义上进行理解，它不仅包含自然科学、技术领域的知识，也包含社会科学，乃至一切人类活动领域的知识。不仅包括记录在书本上、论文中、光盘上的知识，也包括以经验、直觉等形式存在于人们头脑中和实践过程中的知识，不仅是指高新科技领域的知识，也指一切产业生产、流通、消费领域中的知识。称得上创新的应具有三个特点：一是前沿性。发现、发明、创造出的东西至少应在相当的范围内是处在前沿地位，即是以前所没有的新东西。二是有效性。并非一切新东西都是有用的东西，但人们有目的创造出来的东西必须具有某种新的功能和用途，能解决某个老问题，满足某种新需求。三是系统性。知识创新不是某个偶然的一时的新想法新假设，而是经过深思熟虑和系统研究后产生的东西。知识和创新自古有之，而体现人类特征的智能活动的本性就是创新，知识正是创新的成果，没有什么新奇的意义。然而，一旦把知识经济作为新时代的特征写在当今社会的旗帜上，它就被赋予一种全新的含义。从知识经济公认的定义中可以看出，它是一种"以智力资源的占有、配置，以科学技术为主的知识的生产、分配和使用（消费）为新的重要因素的经济"。因此，和以往的知识、经济、创新相比，知识经济时代的知识创新是产业意义上的知识创新。知识创新成为产品价值的主要部分。人们的任何活动中都同时包含了体能和智能的成分，只是所占比例不同。在农业社会，人们的劳动主要靠体能。在工业社会一部分体能活动由机器所代替，人们付出的主要是介于体能与智能之间的程序性劳动。它的典型代表就是大量的操作工和流水线上的劳动，它的特点是生产周而复始，产品具有相对固定的形式，人们以继承传统为荣，所以产品中包含的创新量较少。一项发明创造可以使用几十年，甚至上百年。而知识经济时代由于求新、求变已经成了市场经济的一大特征，产品没有新意，就找不到市场，也就无法存在。随着现代社会的到来，智能劳动的比例逐渐增加，直到超过体能劳动和程序性劳动，从而使智能劳动实现了产业化。因此，知识经济时代的知识创新无论是在产品价值中所含比例，还是在国民经济产值中所占比例，以及各项社会经济指标中所占比例都超过非知识创新的比例。可见创新直接关系着产业发展的命运。从人类社会生产方式的发展来看，智能劳动的产业将是一场具有极其深刻意义的大变革，同时也是人类社会真正走向成熟的重要标志。因为和其他生物相比，人类在体能上没有特殊的优势，和自然的伟力相比甚至是微不足道的，而产生于人类头脑的智能才是人类所独有且取之不竭的动力来源，人类社会只有建筑在这种资源之上才有可能得到高速持久的发展。可见，知识创新是一种新时代的创新，是一种作为社会第一生产力和知识经济发动机的知识创新。

知识经济的灵魂是创新

创新是针对守旧而言，过去没有的要创造出来，别人没有的我能够创造，过去已有的也还要创造。通过不断创造，使知识不断翻新。这样经济发展越来越快，不仅在数量上，更在质量和效益上。同样是增长一个百分点，由于其内容不是旧事物的堆积，而是新事物的成长，无论对国家对人民，效果是大不一样的。"苟日新，日日新，又日新"，这句古话过去只是理想，印证却在今天和今后。发展农业经济靠土地、劳动力和简单工具，工业经济靠资本、技术和机械设备。虽然知识经济仍有这些生产要素，但更重要的是知识，把这些要素都赋予新的生命。这些要素的组合，传统的是用加法，一旦与新的知识相结合，就要用乘法了。尊重知识，也因为知识以科技为载体，随着年代变迁成为第一生产力。社会进步以生产力发展为标志，生产力发展又以科技创新为支撑。人类发展表现为社会进步，每一步都离不开科技创新。科技创新的特点是不断突破，相互结合呈加速态。而揭开知识经济的帷幕，正是由于创造了以信息技术为核心的高新技术，并赖以改造一切传统产业，出现了高新技术产业群。这种技术，强调产品和服务的数字化、网络化、智能化，主张敏捷制造个性化产品的规模生产，是人类创造物质财富和精神财富长期积累的结果。人们在森达专卖店看到这样一个场景，一位顾客正将自己的脚伸到一台从瑞士进口的自动量脚仪上，大约经过 30 秒钟，量脚仪就将这位顾客脚型的有关测量数据打印出来。还有一些顾客正在翻阅精美的鞋款画册，浏览、欣赏货架上陈列的 100 多款新潮、时尚的样鞋，专卖厅还备有胎牛皮、小羊皮、袋鼠皮、鹿皮等不同种类、不同颜色的样皮。在这里顾客根据自己的脚型数据，选择自己喜爱的款式、颜色及皮草等，填制成一张订单，计算机网络将其传输至森达集团总部所在地盐城，30 天内就能穿上一双自己精心设计，具有个性特征，符合自己尺码要求的皮鞋。森达集团建有庞大的顾客数据库，凡定制过皮鞋的顾客需要重新定制时，只需将鞋款及面料选择传至公司即可。森达推出的这一营销方式，就是被美国著名营销专家科特勒誉为 21 世纪市场营销最新领域的"定制营销"。传统管理服务于计划经济，在市场经济浪潮中相形见绌，总不免败下阵来。传统管理又是固定格式，几十年一贯制。而市场在变化，适应市场的管理也必须创新。当前流行一句话，管理比生产更落后，就是指重生产、轻管理或者懂得生产技术要创新，不懂得管理技术也要创新。其实，管理也是生产力的有机组成部分，也是知识经济的有机组成部分。生产是硬件，管理是软件，体制能否称为"活件"，是创造企业活力的根本。企业改革是难中之难，难在缺乏创新。守旧不是改革，照抄别人现成模式也不是改革，都不可能成功。知识经济是以不断创新的知识和对这种知识的创造性应用为主而发展起来的，它以不断创新为特色，是一种知识密集型、智慧型的新经济，新的超过旧的，旧的退出市场，丧失效用，新的占领市场，获得超额价值。企业的竞争主要依靠最新的知识开发、应用和推广，而这个创新过程是急速旋转、没有终止的。顺应形势发展，跟上潮流变化，就能与时俱进，企业就会收到好的经济效益。

大家都熟知的足球鞋，最早是由英国人于 1895 年制造出来的。但那时一双足球鞋的重量达 580 克。直到 20 世纪 50 年代仍有 500 克。一双足球鞋重几克，轻几克，似乎微不足道，但阿迪达斯体育用品公司却对此作了专门研究。结果发现，鞋的重量与运动员的体力消耗关系极大。在每场 90 分钟的足球比赛中，平均每个运动员要在场上来回奔跑至少 1 万米，如果每只鞋减轻 100 克，就可以大大增强运动员在场上的拼搏能力。于是经过对足球运动员的大量调查研究，阿迪达斯公司的决策者果断决定，设计一种重量只有原来一半的高质量运动鞋。新产品一投放市场，足球运动员和足球爱好者争相抢购，使阿迪达斯公司获得了巨额利润。公司尝到甜头以后，每次开发出一种新产品，总要请体育界人士提意见，并给予重奖。1954年，世界杯足球赛在瑞士举行。开赛前，阿迪达斯公司听取足球运动员的意见，集中力量研究出了可以更换鞋底的活动针足球鞋。决赛那一天，大雨磅礴，伯尔尼万多夫体育场一片泥泞，匈牙利队在场上踉踉跄跄，而穿着阿迪达斯新球鞋的西德队，却一个个奔跑如飞。比赛结果，西德队首次登上了世界冠军的宝座。阿迪达斯公司的体育产品也随之成为热门货。因此，无论是一个国家、一个民族、一个企业、一个公司，离开了创新，就不可能振兴和繁荣。知识经济的到来，是工业经济时代发展的必然结果。但是显然不可能等到完成工业化和经济社会化市场化、现代化以后再提出发展知识经济。这就决定了从现在起就要在努力实现工业化的同时，注重推进知识经济。而加速管理创新，正是适应知识经济时代的需要。

知识创新的理论

当代科学技术的发展，极大地推动了经济的增长和社会的进步，使人们深刻地感受到了科学技术第一生产力的巨大威力。知识经济直接依赖于知识和信息的生产、扩散和应用，可能出现的前提和条件之一是不断的知识创新。"知识、人才、创新和学习是面向知识经济时代的国家创新系统的四个核心概念"。知识创新的目的是追求新发现、探索新规律、创立新学说、创造新方法、积累新知识。知识创新是技术创新的基础，是新技术和新发明的源泉，是促进科技进步和经济增长的革命力量。知识创新为人类认识世界、改造世界提供新理论和新方法，为人类文明进步和社会发展提供不竭动力。所以，知识创新和科学研究在内涵上是等同的。科学研究也是一个获得新的基础科学和科学技术知识的过程。从广义上讲，知识创新含技术创新，科学研究含技术研究。知识创新是一项系统工程，其特征可描述为以创新为主线，以创新能力为基础，以发展的认识论和方法论为依托，高效、能动地去探索未知和创新技术，推动科学技术的进步。知识创新、科学研究始于信息获取。研究者要具有敏锐的观察力才能获取到信息，要应用正确的逻辑思维去进行分析、推理与判断。根据认识是人们对客观对象的反映原理，科研的循环过程是科研的实践。不同情况下的科研活动产生不同情况下的认识。人类社会生活中有许多的现象和问题，有些复杂，但不一定个个都复杂。由于思维习惯的复杂，而把原本简单的问题也复杂化了。有一个很有趣的有奖征文答题：在一次乘船游览中，母亲、妻子、儿子同时落水，应该先救谁？有人说应该先救母亲，因为妻子没了可以再娶，儿子没了可以再生，唯有母亲今生今世只有一个。有人说应该先救妻子，因为有了妻子便会有儿子，至于母亲，因为已近人生之途的尽头，死也无憾。还有人说应该先救儿子，因为儿子年龄最小，尚未体验人生的乐趣，而母亲、妻子则不然。三种答案各有其理，但都未获奖。获奖的竟然是一个8岁的孩子，他回答应该先救离自己最近的人。还有另一个同样有趣的有奖征文答题：在一个充气不足、开始下降的热气球上载着三名科学家。一名是环保专家，他能解决环境污染问题；一名是原子专家，他能有效防止全球性核战争；还有一名是粮食专家，他能解决未来人类100亿人口的吃饭问题。现在必须丢出一个人以减轻气球的负荷，保证另外两名科学家的安全。你认为该丢出哪一位？结果获奖的也是一个小孩子，他仅仅6岁。他回答丢出最胖的科学家。为什么大人不能获奖而小孩却获奖了呢？原因是大人惯于进行复杂思维，常常用复杂的头脑考虑一切，用复杂的眼睛审视一切。而小孩子则惯于进行简单思维，常常用童真思考一切，用纯真的心理感受一切。在不同实践过程中的查资料、读资料，也包括读书，查读都是活动，所以都是实践的内涵。实践的结果，得到温知的认识，即在人脑中对前人与同时代的人所创造与积累的有关知识与技能进行了理解与掌握。温知成为认识形态之一，是新提出来的。人们的温知认识，是人们对客观知识产物的反映，属于中层次的认识。温故而知新，所以温知的内涵就有形成新知识的趋势和可能。在科技蓬勃发展的今天，只有感知认识，没有温知认识，要发展成为高层次、深层次的理性认识是不可能的。事实上，人们总是以前人已经获得的认识为基础去发展知识的，温故而知新，新就是发展知识。所以，在有些情况下没有感知认识，只有温知认识，经过思维加工，可以上升转化为理性认识。但科研课题的信息获取，在很多情况下是在感知认识中得到的，再经过温知认识，然后经过思维加工而上升为理性认识。而且，感知认识与温知认识都依赖于实践。不接触事物就得不到直接的感知认识，不去参与实践活动就得不到温知认识。在自然科学研究中，往往是感知认识与温知认识的融合，称之为感温认识，为理性认识飞跃创造了必要的条件。所谓感温具体，就是指人们的感官和人脑对各种感知现象和温知认识的具体反映。前者的融合与后者的反映，在认识的内涵上是等同的，所以感温认识即感温具体。

任何人的知识都是有限的，不知道的东西总是要多于知道的东西。不断掌握新知识，比拥有现有知识重要得多。

第三章　创新素质

一、创新素质是发展的永恒主题

创新素质是创新人才的必备基础，人的素质的高低直接影响着社会的发展和进步。现实生活中如何使创新人才的素质有较大的提高，这是发展的一个永恒主题。

创新是人才创造力发展的素质基础

柳宗元说："顺天之木，以致其性。"人力资源开发就是要以发展人的"内在自然"或"天性"为目的。依照人才成长的内在自然的发展秩序，通过恰当的方式，使其身心得到顺利发展，这是人力资源开发的宗旨。创新不是时髦的标签，简单地粘贴在人力资源开发上，而是具有特定的内涵的。迎接知识经济社会的到来，创新素质是人力资源开发的要义。创新是知识经济持续增长的核心，创新程度的高低将直接影响知识经济的发展。在影响创新程度的诸要素中，创新人才作为生产、传播、应用知识的主体，起着决定性的作用。正如美国未来学家约翰·奈斯比特提出的"在信息经济全球化竞争中，人的素质和创新精神将起决定作用"。品德素质是任何一个时代对人才的最基本的要求，知识经济时代更是如此，创新人才必须具备爱国、奉献、向上的精神和道德素养，这是一个人能否对社会做出积极贡献的前提。正如有的管理学家指出的那样：智力比知识更重要，素质比智力更重要，品德比素质更重要。尤其在知识经济时代，谁也不可能在所有的知识领域全面领先，而交叉学科的蓬勃发展又使得人们在创新时，需要的来自各个其他领域的知识越来越多，一个不能很好地团结他人，不能在学术上与人共事，不能在为人上坦荡正直的人，是不可能取得成功的。正如爱因斯坦所讲的，第一流的人物对于时代和历史进程的伟大意义，在其道德品质方面，也许比单纯的才智成就还要大。任何创造力都不是凭空而来的，而是根植于坚实宽广的基础理论和系统深入的专门知识之上的。理性素质是人才创造力发展的基础，它需要建立在宽广的理论知识基础之上，主要表现为以现代科技知识为依托，并具备合理的知识结构。科技迅猛发展，知识更新不断加

快，只有打牢了知识基础，才能自如地实现向新领域
的进军，才具有可靠的应变能力和坚实的后劲，同时
也才有可能尽快地吸取新知识，掌握新技能，不断完
善自己的知识结构。创造力是以一定的智力为基础的
在想象力、灵感、顿悟等非逻辑思维力量的帮助下，
而从现有的知识领域向未知的领域扩展。悟性素质是
创新人才一个不可或缺的重要因素。人类迄今创造的
所有知识分为事实知识、原理知识、技能知识和人力
知识，表现为四大形态，即知道是什么，知道为什
么，知道怎么做和知道是谁。这也可以用来表述知识
经济中知识的内涵。其中技能知识和人力知识是属于
更加含蓄的知识，也可以称作是隐知识。这方面的知
识，主要是靠实践和个人的感悟能力。通过个人的悟
性，这些知识才能真正内化为生产者和管理者的学
识，才能转化为现实的生产力。随着竞争的程度日趋
激烈，人们面临的困难和挫折将会越来越多，拥有良
好的心理素质将会成为创造潜力得到充分发挥的重要
推动力。具有这种素质的人有自信心、有激情、有坚
强的意志，在困难和挫折面前不会低头，不会放弃自
己的准则和追求。素质教育的基点应该是开发人的智
慧潜能，形成人的全面发展的精神力量，注重个性化
教育和人的创造能力的培育。无知便无以用，知识是
形成创造力的前提。创新素质的一个重要标准就是要

有创造性思维的能力，没有较强的创造性思维能力，要创新是不可能的。创造性思维能力的培养，是人力资源开发的重要方面。一个没有德的人，纵然胸怀万卷，也不可能于国家于民族有用，人力资源开发就是要使受教育者了解变化的世界，了解祖国，了解人类，了解自己，唤起对人类社会的广泛关怀。知识经济社会注重人的个性发展，尊重人的独立性、创造性，力求避免人的片面发展和人格残缺与扭曲。要提倡学以致用。善于运用所学到的知识，为社会生活服务，这是对创新人才最起码的要求。对知识的创造性运用是人才与庸才的本质区别。这就要求用高尚的情操、渊博的知识、善思的头脑、悟性的素质、健康的心理来塑造每一个创新人才，使其健康成长和发展，在不断开拓进取中发挥才智，创造不同凡响的成就。

创新是实现可持续发展的必备条件

创新作为人类知识生产的原动力，成为知识经济发展的基本素质，体现于知识经济发展的过程中。知识经济是以知识的不断创新以及创造性地传播和应用为主要基础发展起来的。人类传播应用知识的能力大大增强，而且创造出过去从未有的新产业、新产品和新服务。科技进步对经济增长的贡献率非常大。以美国微软公司为代表的一批以知识为资本的新一代明星企业，作为知识经济的细胞，其发展的基础已不再是传统的固定资产，而是科技人才和科学技术有机组合，以形成创新素质和持久的创新能力。创新活动的实现，既要求创新体系具有科学合理的结构，以及创新机制的有效运行，又要求良好社会创新环境的积极配合与协调。高技术产业是知识经济的先导和支柱产业。剖析高科技创新，研究开发是贯穿全程的最基本的行为。不但新科学理论的提出，新技术成果的诞生都离不开创新，把科学理论技术设想变成新技术新产品，转化为现实生产力都离不开创新。知识经济的来临昭示着经济发展主要取决于劳力资源、自然资源的占有和配置的时代就要成为历史，人类将进入一个依靠自身智力、与自然和谐发展的新时代，创新是实现可持续发展的必备素质。在以知识为基本生产要素的经济形态中，高品质的创新所呈现的不仅是知识生产的特点，更重要的在于知识创新可以有效地协调人与自然的关系，降低物质资源的稀缺度。现代企业利用创新优势弥补在资源占有上的不足，通过不断创新，以增强竞争实力、掌握主动已成大势。在关系企业经济效益高低和生死存亡的决定性因素中，有形资源的效应已在减弱，取而代之的将是创新速度和创新方向。在科学技术是第一生产力的历史时期，现代科学的技术化、技术的科学化、科学技术的社会化，以及内生于经济系统之中的现代科技与社会经济交互作用的日益增强，使得仅凭专家个人的智慧、单个企业的经营行为，已无法满足现代社会经济发展对创新的要求。现代意义上的创新，其主体范畴已超出个体概念，扩展到整个社会，以智能为核心的人力资源和雄厚的资金基础是实现创新不可缺少的条件。宏观的科技进步、创新成效及社会经济发展更是取决于发挥互动作用的创新机制。所以，创新主体、创新条件、创新机制是构成创新素质的基本内容。系统主体的构成要素、按创新过程分布的人才和资金投入结构等，反映出创新体系结构的基本状况。创新不是无源之水、无本之木，而是人类智慧的结晶。人的智慧来自于知识的积累和对知识的系统整理与融会贯通。在创新过程中，人的素质很大程度上决定着创新的速度和质量，人力状况是衡量创新素质高低的一个重要标准。从创新的角度考察人的科学文化素质，一般应包括国民的文化教育水平、科技素养，以及创新人才的数量和质量等。创新实力是创新素质的表现形式，一般由通过拥有科技成果、专利的数量和质量、技术贸易额及创新投入水平等反映出来的现有创新实力和通过创新强度、创新模式、创新机构和人才对创新信息的灵敏度等反映出来的创新潜力构成。社会经济体制、国民创新意识、创新教育机制、政府对创新的需求、追求创新的社会风尚等因素，共同营造一个创新的社会氛围，构成创新环境。

二、创新素质的培养与提高

现代科学技术发展的特点是规模宏大、多样化、发展速度特别快、质量高和结构变化快。经济竞争关键在于科学技术的竞争，而科技的竞争又体现在人才的竞争。的确，人才特别是创新人才是一个国家在激烈竞争中立于不败之地的关键。注重创新素质的提高与培养，是摆在我们面前的重大课题。

创新人才应具有的素质

古今中外，一些大科学家几乎都是涉足多门学科的创新人才。诸葛亮通晓天文地理、政治军事经济等多门知识，因而他能未出茅庐而知三分天下，成为中华民族智慧的化身。牛顿是一位杰出的科学家，他同时在物理学和数学两大领域都取得了杰出的成就。科学的真髓在创造。从细胞学、进化论、能量守恒定律，到相对论、量子力学和核物理的科学发明；从蒸汽机到发电机，再到电子计算机的出现和人造卫星的成功发射；从第一次产业革命到第二次工业革命，再到第三次产业革命直到当今的新技术革命，无不凝聚着人类的创新智慧，包含着创新人才的创造劳动。在多学科研究中，对科学技术发展的相关性认识更加深入，能不断克服主观局限性和单向性，克服所处环境的对抗性，将所掌握的知识进行融合再选，为其学术思想的形成和科学思维的成熟打下坚实的基础。能力结构是由多种能力所组成的动态综合体。由于创新人才掌握了多学科知识，他们能够在多学科之间相互启发，使其理解能力、分析能力、观察能力和解决问题的能力以及抓住转瞬即逝思想火花的能力更强大，还能通过研究方法，创立新科学、新学说，创造新知识、新思想、新成果。创新人才对新事物反应敏锐、学术思想活跃、对新学科产生比较敏感、善于捕捉新的生长点，往往成为交叉学科、边缘学科和横断学科的开创者。科学思维是人类认识自然、改造自然和开展科学研究中思维运动方式的特征及其规律性，它在科学领域中产生和发展，同时对科学的发展起促进作用。创新人才能把集中思维和扩散思维交替合作和混合使用。他们敢于打破思维定势，通过综合集成形成新思维方法，从而创立新理论、创造新成果。这样，他们才能在别人不注意的问题中发现问题，在别人认为平常的事物中觉察出不平常，在偶然出现的现象中认识到必然，在类比中推断出新规律。伦琴发现 X 射线，就是在克鲁克斯放电管附近偶然发现了微弱的荧光，他抓住这个宝贵的机遇线索，经过 40 多天的艰苦劳动，做了大量的反复实验，肯定了一种新射线的存在。其实在他之前，就有人碰到过这种射线，只是没有深入研究，错过了发现 X 射线的机会。所谓创新素质，概括地说，就是创造发明的能力。具体地说，就是创新意识和创新能力的统一。创新意识是一种怀疑的意识，是一种不安于现状的求精意识，是一种好奇心。创新意识不是天生就有的，创新意识是后天通过有目的的培养而获得的，这是教育的重要责任。创新素质的培养至关重要的是培养创新意识。正如足球运动员的射门意识，没有强烈的射门意识，便无从把握稍纵即逝的时机而破门得分。没有强烈的创新意识，便不能运用发散性思维获得"猜想"，创新活动便无从谈起。爱因斯坦说："如果让一位普通人在一个干草垛里寻找一根针，那个人在找到一根以后就会停下来；而我则会把整个草垛掀开，把可能散落在草垛里的针全部找出来。"墨守成规的思维只能指导重复操作，应指导人们摒弃那种依赖相同的程序解答各种问题的保守做法，树立敢为天下先的雄心，冲破创造发明高不可攀的思维定势，从而激发人们的创新积极性。人们的思维是很活跃的，对同一个问题往往有不同的见解。但是由于受传统思想的束缚，人们往往又比较胆怯，不善表白。应鼓励人们大胆地各抒已见，这不仅有利于启发人们的思维，同时也可使人们加深对知识的理解。应鼓励人们质疑问难，能提出问题的人往往是善于思考的。应努力创造一个轻松、活跃、讨论式的学习氛围，让更多的人有胆量、有机会培养自己的创新意识，尝试自己的创新体验。创新能力的培养，主要是掌握创新的思想和方法，切实重视实践性环节以使人们不断提高自身的创新能力。知识与创新能力虽然不存在线性关系，但是对知识掌握的程度却决定着创新的水平。创新之所以"新"，一是顺着原有知识的思路往前推进一步。二是对原有的错误知识进行修正。三是开辟相对新的知识领域。因此，真正的创新素质是学习与创造的有机统一。一个不会学习的人，是不可能有大的发明创造的。

创新人才成长的培养机制

知识经济是继农业经济、工业经济之后出现的又一个新型的经济形态。它是一种以知识和信息的生产、分配、传播和使用，以创造性人才为依托，以高科技产业和智力为支柱的经济。知识经济最重要的特征就是知识和技术的创新。既然创新是知识经济的灵魂，而人才是知识和技术的载体，那么创新人才便是经济增长的最重要的动力。知识经济时代，经济发展所必需的三种资源形式，即物质资源、组织资源和人力资源，高水平的人力资源是最重要的。对于一个国家和单位来说，只有具备创新能力的人力资源是不可复制的，它是知识创新和技术创新的源泉，是构成一个国家或单位可持续竞争优势的根本所在。两百多年前，工业经济开始代替农业经济。今天，以美国微软公司为形式标志的知识经济已初见端倪，正开始代替工业经济。中华民族要实现伟大的经济复兴，靠的是科学技术的创新，靠的是全民族的创新意识和创新精神，归根到底，靠的是具有创新精神和创新能力的人才。产生科学创新思想乃至做出更大科学发现的科学家并非什么超人。肯定地说，他们属于常人范畴，他们所具有的创新素质或特征，在一些个人身上都是普遍存在的。创造能力的培养和开发与创造者本人的心理素质有着非常密切的关系。有一个良好的心理素质，才可能使创造能力得到充分发挥，获得创造性的成果。有创造能力的人一是自信。人有没有创造能力，主要表现在创造能力有没有开发出来。被开发出来的创造能力，使潜在能力变为显现出来的能力，才是真正的提高创造能力。开发创造力就要有自信，"自信人生二百年"，记得一代宗师教育家徐悲鸿说过："人不可有傲气，但不可无傲骨。"这是坚持不断创新的健康心态。二是激情。激情是一种巨大的推动力，对自己研究的目标不仅要有热情，而且要有激情。这种激情因素在人的创造性活动中有时比理智因素显得更为重要。由于激情的驱使，使创造者变得极为敏捷，非常好奇和特别有毅力，不会失掉任何一个有用的机会，并且能够抓住任何微不足道的结构与联系。激情是探索未知世界奥妙的一种巨大热情。它具有自觉性与坚韧性，能持之以恒，容易激发人们的顿悟和灵感。三是开拓。要有开拓精神，与时俱进的精神，不因循守旧，不墨守成规。勇于提出不同的意见，而不要轻易否定自己。知识与经济是基础，应用得好会促进创造力的发展，如果死守已经有的知识与经验不放，也会限制自己创造性的发展。已有的知识和经验只是人们认识世界规律性的一部分，要相信还有更多的规律未被发现。科学工作者正是出于探索那些急需研究的问题的欲望，检验自己的创造能力，磨砺自己的意志，寻找新的方法，开辟新的领域，发现新规律，这就构成了整个科学的发展历史。四是意志。任何创造性的成果都不是轻而易举得到，必须不知疲倦地忘我工作，在困难面前表现出坚忍不拔的毅力和勇气，在失败时表现出不屈不挠的精神，能够经受住生活上的困难和精神上的挫折。爱迪生为寻觅一种耐用的灯丝材料，失败过 7600 次；为改进当时的蓄电池，失败过 10296 次，但他失败不失志，最终获得成功。只有具备这样良好的意志品质，才会使创造能力得以充分开发，并做出创造性成果。最后是不迷信权威。马列主义、毛泽东思想是真理，其基本原理是不能怀疑的，但它并没有结束真理，而是给我们提供了武器和方法，指引我们去创立新的理论。创立新理论，就必须鉴别原来理论中有哪些论点过时，以此作为新理论的生长点和出发点。19世纪，普朗克提出量子理论，当时可以解释"红外灾难"和"紫外光灾难"，为现代物理学理论奠定新的基础。但是，他对权威缺乏科学态度，当他的新理论遭到经典物理学权威们群起而攻之的时候，他向旧势力屈服，放弃了自己的革命假设，新的科学理论被扼杀在摇篮之中。直到5年后，年轻的爱因斯坦登上科学讲台，坚决肯定了普朗克的革命假设，并进一步提出了自己著名的"光量子假设"，成功地解释了经典的物理学无能为力的光电效应。可见任何人的知识都是有限的，不知道的东西总是要多于知道的东西。一个人在某些方面是内行、是权威，而在另一方面就可能是外行。即使是在他内行的领域里，往往也会有许多问题还没有仔细考虑过，或是考虑错了的。人的创造力，是最能开发并超越人类自身成就的能力，也是最容易受到压抑和挫伤的能力。现代大量研究证明，创造力并非天赋神授，人的大脑具有功能超剩余性，每个人都有创造潜能。

三、锻造创新素质

国家把塑造民族的创新素质，看做是民族腾飞和兴旺发达的基础，看做是民族进步的核心；把创新素质看做是一个人最具有价值的一种能力的体现，看做是不断突破自我，超越自我，获得更高层次发展的体现。因此，做好新形势下的工作，必须提高自身素质，这不仅是个人发展的问题，更是一项艰巨的政治任务。

要善于学习

知识是人类社会实践经验的结晶，是创造能力的基础，只有充分地继承和发展前人的知识财富，才会在发明创造中具有扎实的功底，宽阔的视野，高难的起点。大凡取得杰出的创造成就的人，无一不是刻苦学习，具有丰富知识的人。三国时期的诸葛亮是一个众所周知的博闻强识、广学多才的人。他曾说："为将而不通天文，不识地利，不知奇门，不晓阴阳，不看阵图，不明兵势，是庸才也。"曹操也是一个博览群书，特好兵法，勤奋攻读的人。他对《孙子兵法》等兵书的研读注释，成为研究古代兵书的经典依据。欧洲资产阶级军事家拿破仑，是一个好学不倦、视书如命的人。图书是拿破仑指挥战争的重要参考资料。1811年12月当他远征俄国时，他对俄国的历史，尤其是对立陶宛的交通、湖沼、河流、森林等情况的了解，主要就是借助于他阅读过的俄国地方史和论俄国陆军的著作。可见，拿破仑的军事成就，与他知识丰富、才学通达有着直接的关系。军事发展史上的许多事实都说明了，任何杰出的创造成就和创造成功的秘诀，无不与具备丰富的知识有着直接的关系。学习一般是指经验的获得及行为变化的过程。人类的学习是获取经验、知识、文化的手段，知识的继承和文化的传承要依靠学习，而学习的重要内容乃是人类文化创造的结果。学习活动能否增加创造性的意义，学习过程能否增加除旧布新的成分，学习者能否有创造性的动机，学习者能否通过学习获得创造性的人格，进而加快发展为创造性人才等等，这是时代赋予的一个崭新的课题。不勤奋学习，就无法融入迅速发展的时代大潮，不掌握新知识，就不可能进行有效的创新活动，就无法与知识同步，就会失去个人发展的机遇。要发展就要学习，要学习就要读书。人类的知识，自从有文字以来就主要以书本的形式记载和流传下来，因此，有价值的图书资料是人类世世代代积累起来的知识宝库。可以这样说，任何一个知识渊博的人，他的大部分知识都来自书籍。马克思为了写作《资本论》，曾钻研了 1500 种书籍，而且对这些书籍都作了摘要。列宁为了进行理论创新，不仅阅读了大量的哲学、经济学和有关社会主义的著作，而且阅读了托尔斯泰、屠格涅夫等著名文学家的作品。科幻小说家儒勒·凡尔纳一生中写了上百本小说，是世界上一流的高产作家，在他去世后，人们在他的书房里发现，他亲手摘录的笔记竟有 250 多本，仅为写作《月球探险记》一书，他就阅读了 500 多册图书资料。正因为书籍对人们获取知识有着如此重要的作用，所以古今中外的许多杰出人物都非常重视读书。高尔基曾意味深长地教导青年人说："爱书吧，它是知识的源泉。"孙中山在谈到读书问题时说："我一生的嗜好，除了革命之外，就是读书，我一天不读书，就不能够生存。"当然，杰出人物强调读书的重要性，并非要什么书都读，更不是要什么书都去精读。事实上，在巍巍书山之中，既有好书又有坏书，我们只能去读那些催人奋进的好书。在众多的好书之中，有的书有助于实现自己的创新目标，有的书则无助于实现自己的创新目标，应当把主要精力用来阅读那些有助于实现创新目标的书。阅读时也要有轻重缓急之分，对于那些写得精辟透彻并对自己用处很大的书，应当全读、用心读、反复读，而对其他的书则一般的了解就行了。只有这样有选择地读书，才能利用有限的时间获取对创新最有用的知识。现在，知识已经成为人与人、国家与国家之间实力差别的首要因素。科研成果向技术转化的周期越来越短，从电能的发现到第一座发电站的建立用了 282 年；从电话的发明到第一个自动拨号电话局诞生，用了 16 年；从 1958 年出现第一块集成电路到世界建成第一条集成电路生产线，只用了 2 年。新技术的老化周期不断加速，是知识膨胀的另一表现。19 世纪末的老化周期为 40 年，20 世纪 50 年代为 15 年，90 年代只有 3 至 4 年。这是一个以知识为基础，注重创新和不断的升能换代的时代，是一个以人为本，注重个性和多样化的时代，是一个开放的、全球化、国际化的时代。在这样一个时代，知识的迅速增长和知识更新周期的不断缩短，要求把接受性的学习转变为发展性学习。未来的学生是否具备自我学习的能力，是否学会学习，比掌握知识本身更重要。世界著名的未来学研究机构罗马俱乐部，在《学无止境——迎接未来的挑战》的报告中明确指出，人类面临的各种困扰自身的问题，都是人类自身的行为造成的，而人类的这种行为是由"维持性学习"形成的"撞击式思维方式"产生的。报告提出，为了迎接人类面临的未来挑战，要由"撞击式"的思维转变为"预期性"的思维方式，相应地要由"维持性"的学习方式转变为创新性的学习方式。善于学习对每个人都很重要，但对要从事创新活动的人来说，显得更为重要。坚持创新，就必须追踪最新知识，及时掌握时代发展的前沿动态和最新成果。有人曾提出要写一本能与《资本论》相提并论的《知识论》，马上就有人说不可能，因为现在知识太丰富了，没有人能有这个水平和能力。当前在学习上必须提高两种能力：一是迅速学习的能力。兴趣是学习最好的老师。抓学习，首先要培养兴趣，兴趣加勤奋就能搞好学习。但在知识日益重要并且更新周期大大缩短的今天，学习已变成强制性需要。普莱克斯公司对亚洲地区人力资源经理的培训教程中，提出了"迅速学习的能力"的概念，对学习提出了更高层次的要求。现在的管理是知识管理，也有人叫第五代管理，要求管理者必须具有丰富的知识，而知识的迅速更新，必然要求管理者学会迅速学习，否则，面对激烈的竞争，就难以迅速形成新的观念和工作思路，难以及时有效地指导工作。要做到迅速学习，其中一个很重要的方面就是要具有敏感捕捉有用信息的能力。现在不少人一谈学习就感到头疼，其原因主要不是不想学，而是感到知识太多，无从下手。二是迅速应用知识的能力。迅速学习的能力如再上一个层次，就是将知识迅速转化的能力。21 世纪是强调速度的时代，20 世纪的"大吃小"、"强吃弱"，已变成"快吃慢"

的新规则。说到快慢，在海尔有一个经典的故事。2001 年 2 月海尔召开全球经理人年会，海尔美国贸易公司总裁迈克提出了一个新点子，他说美国冷柜销量非常好，但是有一个难题，就是传统的冷柜比较深，翻找下面的东西非常不方便，海尔能不能发明个产品，上面可以掀盖，下面能够有个抽屉。就在会议还在进行的时候，设计人员已经通知车间做好准备，下午在回工厂的汽车上，大家就拿出了设计方案。这天，设计和制作人员一同经过了一个不眠之夜。到凌晨两三点的时候，第一代样机基本上就诞生在第二天。在整个经理人年会的闭幕式上，这个新产品的出现让整个会场都非常振奋。迈克回忆说："他们拍拍我的肩膀说我们给你个惊喜。他们让我闭上眼睛，并掀开帆布，我睁眼一看，17 小时之前我的一个念头已经变成一个产品呈现在我的眼前了。我简直难以相信，这是我所见过的最神速的反应。"当天，这款以迈克名字命名的冷柜就被各国经销商大批量订购。如今这款冷柜已经被美国大零售商希尔思包销，在美国市场已经占据了同类产品 40% 的份额。无论是个人、企业，还是一个国家、一支军队，如果不能迅速把最新的科学技术成果转化为生产力、战斗力，即使掌握了再多的高新技术，仍有被淘汰的危险。国际职业专家指出：现在的高薪阶层若不注意及时更新知识并迅速将知识转化为实际能力，用不了五年就会跌入低薪。如果人们不及时优化自身知识结构，并把它变成实际的工作能力，不仅难以做好日益复杂的工作，而且将会被时代所淘汰。

要掌握创新的方法和艺术

方法是创新的钥匙，是走向成功的桥梁。笛卡儿说，最有价值的知识是方法的知识。有人提出一个公式：创新的成果等于创新的欲望加创新的思维加创新的方法，表明方法对于创新来说是一项必不可少的要素。发展中国家与发达国家的管理特点相比较，就会发现发展中国家在管理上侧重于宏观的原则性指导，而发达国家则侧重于微观的方法性指导。两者相比各有利弊，从实际情况看，现在更需要多学习一些方法性的东西，特别是发达国家在行政管理方面的新成果。美国一家牛奶公司的机构设置里不仅有经营及服务部门，而且还有研究消费者行为的机构，他们专门对消费者的心理进行分析。在他们的服务项目中，有一项是面对婴儿的，生意特别好。他们针对美国婴儿不吃母奶的特点，设计制作了一系列婴儿食品。在推销上，他们没有在产品一出来时就大打广告战术，而是先免费送给客户一两打新研制的样品，让顾客们先试用。顾客只要稍不满意，服务部就会详详细细地咨询，把顾客不满意的原因弄个明白，马上把信息反馈回去，经过仔细研究，然后做出必要的反应。由于公司的婴儿食品做得非常精美，味道很好，婴儿都爱吃，当婴儿吃完第一打这家公司的婴儿食品后，就不吃其他公司生产的食品。这样，母亲认为小孩已经习惯吃这家公司的食品，也就不会去买其他公司生产的食品，自然而然，这家公司的订单就会如雪片般飞来。一位去过日本的同志说，日本的豆腐在质地、味道等方面都比国产豆腐好。其原因倒不是中国的大豆"质"不如人家，而是日本的豆腐在加工的方法上技高一筹。科学的方法能更好地发挥创新才能，而落后的方法则阻碍创新活动的开展。一些同志知道老方法不管用，但苦于新方法不会用，做工作很吃力。掌握创新的方法和艺术，要着重把握四点：一是善于捕捉创新的机会。有段话说得很精彩：平庸的人战胜不了自己就无法得到机会，聪明的人挑战自己就会不断创造出机会，更聪明的人在机会中战胜自己就会走向成功。抓住时机，是创新的真谛。机不可失，时不再来，这在创新活动中表现得尤为突出。抓住时机，也就抓住了工作的主动权。工作创新不能绕开矛盾走，专挑"软柿子"捏，也不能草木皆兵，到处乱撞。捕捉创新机会就要紧盯着工作中的主要矛盾和主要问题，预测这些矛盾和问题的发展趋势，把握住解决的时机。无论从哲学上看还是从历史上看，往往是困难越多，所蕴涵的创新机会就越多，困难越大，创新取得的成果就越大。二是善于协调化解矛盾。创新是开拓性工作，必然会涉及各方面利益关系的调整。不仅面临客观世界的挑战，还面临着广大群众能不能认可、能不能接受的问题。因此，做好协调工作，化解各方面的矛盾，显得十分重要。中国两千多年的封建社会，改革创新的人物不少，但绝大多数都以失败告终。其中一个重要原因，就是改革创新为社会既得利益集团所不容。当然，今天情况有了本质的变化，创新方向与人民大众的根本利益是一致的，但仍然不能忽视创新活动中的协调与化解矛盾。三是善于在交叉融合中寻找新方法。科学的交叉曾给了科学家以灵感，从而诞生了不少新兴边缘学科。工作创新完全可以由此得到启示。一位管理学家说过：一切成果都是发生于组织之外。这话虽然有点过，但它说明了在行业之外寻找突破口的重要性。现在有的同志总是局限在工作甚至是自己所分管的那一块业务上考虑问题，把工作越做越窄，办法越用越少。要改变这种状况，就必须树立大工作的观念，不能就事论事，视线只盯着自己。在这种交叉融合的过程中，视野会变得比较开阔，思维更加活跃，从而形成针对性更强、效益更好的创新思路和点子。

要培养创新的品格

英国的斯迈尔斯有一本书叫《品格的力量》，他认为"品格是个人和民族的力量源泉"，是创新的源动力之一。一个人的品格如何，对他的事业成功有直接的影响，有时甚至成为成败的关节点。工作创新对个人品格也有特殊要求。一是要强化责任意识。责任，是一个人变得伟大的源头。所有成功的历史巨人，不仅因为他们有优秀的意志品质和吃苦耐劳的品格，而更重要的是他们具有强烈的民族责任感。他们之所以伟大，是因为他们比常人付出的更多。这种意识使他们受到尊敬和爱戴，得到信任和重用，从而成为他们成功的基础。凡是有责任感的人，大都是心存高远之人，是成就事业之人。日本把领导者的使命感和责任感作为十项品德中最为重要的两种，日本在经济上取得的成功，在很大程度上得益于这个民族有强烈的责任意识。相反，如果一个民族缺乏责任感，这个民族的命运离衰败就不会太远了。拿破仑时代法兰西曾经辉煌一时，但到了19世纪下半叶便开始衰落。有人研究为什么这个民族会出现这种局面，得出的结论是，这个民族那时已经丧失了责任感，无论是普通市民还是高级官员，都丧失了发自内心的对祖国的忠诚。当时法国驻柏林的武官对此深感忧虑，他在写给皇帝的一封信中说，德国人具有崇高的敬业精神，他们为了振兴自己的民族可以不惜一切代价，恪尽职守成了他们的天职。与之相反，法兰西民族到处弥漫着一股浮华之气，到处在滋长着令人沮丧的东西。法兰西人如此蔑视真理和职责，灾难终究会降落到这个民族的头上。所以，强化责任意识，对于一个人、一个单位乃至一个民族创新的成功与否，都是至关重要的。心理学家研究表明，人的创新动力主要来自对事业的真诚，对工作的负责。只有具有很强的责任意识，创新才会充满希望。二是要提高心理素质。《心理领导科学》的作者认为，以往常从权力、权势、管理、控制和监督等角度对"领导"这一概念进行解释，但这些解释往往含混不清。领导实际上就是让被领导者心甘情愿地、群策群力地为实现目标而努力的过程。领导工作主要表现是同人打交道、同事情打交道、同时空打交道。事务和时空都是非人格化的，只有人加入进去，工作才能运行。所以说领导的关键是对人的领导，而对人领导的本质是心理上的领导。有的专家认为没有一种领导方式是"最好"的或"放诸四海而皆准"的。哈佛商业评论中的一篇颇具影响力的文章指出，领导类型起码有五种：人力资产型、专长型、变革型、控管型、策略至上型。但领导者通常只拥有五个类型中的部分因素，颇难界定为某一特定类别。无论如何，最关键的还是需要一位能切合整体平衡的领导人物。领导风格和手法，则要视看外在环境，故此有的领导是慈父形象，有的则是冷血铁汉，尽管走在两个极端，但他们同样在功业上获得极大成就。如土耳其国父在加利波利战役中进退维谷时，命令军队："我不是要你们去打仗，而是命令你们以性命去拼搏！"当时的土耳其军队就凭这种顽强的斗志，把生命豁出去，终于赢了这场重大战役。在极端恶劣或良好的环境下，有时强硬的领导作风也是必需的。只有在稳定的环境中，怀柔政策较为适宜。无论如何，领导者目标清晰最为重要。没有一种领导方式可以一直有效地沿用，更不能永远期望获得所有人的爱戴。相反的是，领导层应该抱持的态度是，如何为整体作出最大的贡献。海尔集团在这方面做得就比较成功。他们当初进入美国市场时遇到很大阻力，为了让美国著名销售商沃尔玛公司接受海尔的产品，销售人员就运用了心理领导的道理。沃尔玛在全美国有2700多家连锁店，摆满了来自世界各地的名牌产品，要让它接受一个陌生的品牌十分困难。整整两年时间他们甚至没有机会让沃尔玛看一眼海尔的产品。直到有一天他们发现沃尔玛公司老板每天都有开窗远望的习惯，于是便在老板办公室窗户对面的空地上，竖起一块醒目的海尔广告牌。经过多次"视觉刺激"，沃尔玛终于忍不住问采购人员海尔是什么，不久海尔就进入了沃尔玛连锁店，产品品种也从最初的一两种发展到现在的近十种。领导者要懂得运用心理学对部属实施心理领导，调动和保护积极性。但如果领导不注意保护和引导，消失起来也会比较快。其实，人们要求并不高，有时候甚至只需要你轻轻地推他一把，甚至在旁边打打气就够了。有这样一个故事：一天，一个人拖着沉甸甸的板车疲惫地走到了山脚下。望着前边那一段长长的上坡路，不禁愁容满面。正在为难之时，恰好过来一个热心的路人。那人看出了车夫的窘境，就说："来，我帮你一把。"说着便利落地卷起袖子，拉开一副推车的架势。车夫很感动，心想这下好了。于是就咬紧牙关使劲地拉车。在热心人"加油，加油"的鼓劲声中终于将车拉到了坡顶。车夫感谢热心人的鼎力相助，热心人却说："你用不着感谢我。这两天我的腰扭伤了，根本不能用劲。我只是喊喊加油而已，实际上车是你自己拉上去的。"三是增强团队意识。良好的团队精神，会使每个成员充满活力，不断激发出思想的火花；天马行空，独往独来，则会导致思想的萎缩。在现代社会，人与人、组织与组织、国家与国家的依赖性都很强，团队意识越来越成为创新发展的必备素质。有这样一则寓言：有一天，上帝对教士说："来，我带你去地狱看看。"他们走进一个房间，许多人围着一口煮饭的大锅，每个人都有一把很大的汤匙，但柄太长，食物无法送到嘴里。他们又饿又绝望。"来，现在我带你去天堂。"同样的房间，同样是一群人，同样的锅和长柄汤匙，但是这个房间里的人却快乐满足，原来他们都在互相喂对方，他们靠着集体的智慧和团队精神，既挽救了别人，也挽救了自己，互惠互利，实现双赢，这正是现代人应该具备的素质。

四、年轻人才是创新的先锋

科学技术的发展，社会各项事业的进步，都要靠不断创新，而创新就要靠人才，特别是要靠年轻的英才不断涌现出来。创新能力是年轻人才素质结构的重要因素，具备较强的创新能力是事业上取得成功的基础。

年轻人才的创新精神

年轻人才的创新精神要有远大理想。理想是火，能点燃人奋发进取的精神。一位伟人说过，伟大的目标能产生伟大的力量。年轻人才要开创前人所未开创的事业，要走前人所未走过的道路，要创造前人所未创造的业绩，必须树立远大的理想。也就是说要有强烈的使命感和责任感。只有具备这样的远大理想，才能有永不枯竭的创新精神，才能不沉溺于个人得失而束缚了自己前进的步伐，才能在困难面前不低头，挫折面前不灰心，一往无前地朝着最终目标前进。愈挫愈奋，愈难愈坚，在困难中奋力拼搏，从失败中开凿成功之路，这就是从事创造的人应具备的意志品格。年轻人才要坚持解放思想，不封闭，不停步，不断地把思想从旧的条条框框中挣脱出来，迎接新的挑战，解决新的问题，克服新的困难。不断地调整自己的视角和思维方式，最大限度地接受一切符合客观事物发展规律。有独立人格的人，能够坚持用自己的脑子想问题，不依附他人，不盲从潮流，不逆来顺受，不听天由命，不墨守成规。同时，有独立人格的人一般都有着较强的自强意识，具有自力更生、发愤图强、勇于竞争、敢于创造的精神，这些都是创新精神的重要内容。而缺乏独立人格的人，一味地随大流，跟风头，随波逐流，根本谈不上创新精神，于事业无补。"千人之诺诺，不如一士之谔谔。"一定要注意培养独立的人格。知识让人明智，知识给人力量，知识使人创新。新事物总是和新知识联系在一起的，而知识来源于刻苦地学习。创新精神强否，与求知欲强否成正比。凡是创新精神比较强的人，往往求知欲比较强。一个不重视学习、不善于学习的人，很难有新思维、新作为。同时，知识又需要不断更新，方能适应不断发展的客观形势的需要，所以学习必须坚持不懈，求知欲也必须长期保持。从某种意义上讲，不断掌握新知识，比拥有现有知识重要得多。要不断掌握新知识，就必须培养和保持强烈的求知欲望，这是创新精神的重要基础。马克思主义认为存在决定意识，但同时又承认意识的相对独立性，承认人的认识可以根据客观事物发展和规律而预测未来，从而为创新打下良好基础。而要具备这种能力，必须有很强的超前意识，干着今天的活想着明天的事。在现实的工作过程中思考将来的发展，善于在顺利的时候看到危机的存在，善于在困难面前发现发展的契机，从而有条不紊地迎接未来的挑战。这种意识，在新的历史时期是非常需要的。如果只是按部就班地干好手头的事情，不仅应付不了新的挑战，而且连自己现在的事情也干不好，将会永远落伍于时代，正所谓"人无远虑，必有近忧"。创新不能背离了客观规律，而是对客观规律的深化。必须有按客观规律办事的态度，把握客观规律的能力和实践能力。再好的意图，再新的创意，没有实践的作用还只是空中楼阁。而实践的过程又是一个十分复杂的过程，需要有克服不利因素、战胜困难的能力；需要勇于和善于开拓，把事业推向前进的能力。要能团结人，创新精神付诸实施也不能只靠单枪匹马，一个不会协作的人会遇到许多困难。培养年轻人的创新精神要有正确理论的引导，要有正确的世界观、人生观，树立远大理想，培养积极向上，勇于进取的精神状态。更新观念，提高认识，从理论上弄清创新精神对于现代化建设和个人的人生价值的重要作用，从而自觉地培养创新精神。任何一种能力的提高都离不开实际生活的锻炼，创新能力也是如此。年轻人要找到合适的机会来锻炼和提高自己的创新能力，把书本上所学的知识尽快地转化为实际的能力。有一则阿拉伯寓言，一艘小船在湍急的河流中航行，途中乘船的哲学家问船夫是否懂得历史和数学，船夫摇头，哲学家说："呵，你失去了一半以上的生命！"刚说完，一阵大风吹翻了小船，哲学家和船夫落入水中。船夫问："你会游泳吗？"哲学家摇头。船夫说："啊，那你就失去了整个生命！"哲学家虽然知识渊博，但在关键时刻却没有游泳的能力，因此失去了"整个生命"。知识是能力的基础，能力是知识的延伸，在知识和能力这个区间，要使它们能"等量代换"，就必须在学习知识的同时培养自己的能力。现在知识成爆炸性增长，新旧知识不断更替，这就对年轻同志的能力提出更高的要求。所以在学习知识的同时还要培养自己的创新能力，增强创新意识，把知识与能力结合起来，作有创新精神的一代新人。创新精神与科学的思维方式密切相关。根据实践的需要，走出思维的误区，走进思维的新区，创新能力就应运而生了。心理素质属非智力因素，但与人们的创新能力密切相关。培养年轻人的创新能力，要注意提高他们的心理素质，使之敢于向旧事物挑战。由于社会氛围的影响和长期形成的思维定势，年轻一代也容易习惯于按部就班，缺乏勇于闯荡和锐意进取的精神。要知道没有闯荡的精神，就不可能彻底解放人的思想。没有闯荡的精神，就难以充分激发人们的创造力。没有闯荡的精神，就不会产生优裕的财富。从某种意义上说，收益与风险是一对孪生兄弟。如害怕风险，什么都按既定的模式去做，那么，所谓的跨越式发展等愿望，最终都会落空。世界上不可能什么都为你准备好了，什么都为你安排得非常妥当，等你来摘取胜利的果实。成功往往只属于那些惯于另辟蹊径而又有点"异想天开"的人。那些脱颖而出的强者，那些敢于在创业领域大展身手的人才会取得最终的胜利。因此年轻创新人才要敢于接受新事物，敢于创造新事物，勇于竞争，敢于拼搏，能够承担创新失败的考验和胜利的喜悦，做到胜不骄，败不馁，这样才能始终保持创新能力。心理学家曾就性格、精神品格与创新能力的关系问题，对日本160名有突出成就的科学家或发明家进行了调查。这些人在各自的领域都进行了创造性的工作。调查结果表明，这些人都有与众不同的性格特征与精神品格。他们具有恒心、毅力，甚至在看来希望渺茫的情况下，仍能坚持到底。他们具有鲜明的独立倾向与创新精神，凡事有主见肯努力，不甘心虚度一生。他们对自己充满信心，乐于坚持己见。显然，这些性格因素与精神品格在其创新活动中起了重大作用。无独有偶，自20世纪20年代起美国心理学家对1528名智力超常的儿童进行了长达十年的追踪研究后发现，其中一部分人成就很大，另一部分人成就平平。通过分析这两部分人的心理特征可以发现，虽然他们的智商没有什么差别，但在完成任务的坚毅精神、自信、进取、好胜心等方面，成就很大的那部分人明显超过另一部分人。从中，可以看到性格因素与精神品格对创新人才成长的重要性。难怪爱因斯坦说："杰出人物的智力耐心成就，取决于性格之伟大比一般人认为的大得多。"创新活动，往往涉及多学科、多方面的知识，创新能力比较强的人往往知识面比较宽。因此，要引导年轻人不断拓宽知识面，向复合型人才的方向努力。要根据实际生活的需要不断调整培养目标，实行专才和通才相结合的培养模式，要尽可能地使年轻人多涉猎一些领域，多了解一些知识，并切实地提高自学能力，为扩大自己的知识面，更好地从事创新活动创造有利条件。

年轻人才的创新动力

创新的核心在于"新"。因循守旧，重复前人的工作，新从何来？当今竞争和较量是异常激烈而又十分残酷的。科技成果只有第一，没有第二。如果你没有强烈的创新意识和创新观念，不能争朝夕，捷足先登，就会坐失良机居人之后，科研成果的优先权就会失之交臂，胜券旁落。创新的关键在于创。要敢于想，敢于闯，敢于干，才能开辟新领域，创出新天地。如果畏首畏尾，裹足不前，是不可能实现创新的。据统计，人才的最佳创造年龄为 37 岁左右。1500 年到 1960 年，全世界 1249 名杰出科学家和 1928 项重大科学成果的统计结果证明，科学发明最佳年龄区是 25 至 45 岁，峰值年龄在 37 岁。1901 年至 1960 年全世界 215 名诺贝尔奖获得者的年龄统计结果证明，最佳年龄区是 30 至 45 岁，峰值是 39 岁。哥白尼提出日心说时是 38 岁，牛顿发明微积分时是 22 岁，居里夫人发现镭、钍、钋三种元素的放射性时是 31 岁，爱因斯坦提出狭义相对论时是 26 岁，提出广义相对论时是 31 岁。从事自然科学研究的是这样，社会科学家和政治家，他们的成功也大都在这个年龄。《共产党宣言》发表时，马克思是 30 岁，恩格斯是 28 岁。中国共产党第一次代表大会召开时，毛泽东同志是 28 岁。50 多年前，美国洛杉矶有一位 15

岁的年轻人，名叫约翰·科达尔，他为自己制定了127个愿望，其中有勘察尼罗河、刚果河，登上珠穆朗玛峰，重游马可·波罗和亚历山大大帝到过的地方，创作一部音乐作品，写一本书，结婚、生孩子，甚至还有登上月球等。科达尔把这些愿望都编上号，写在一张纸上以便逐一实现。21岁那年，他已经到过21个国家旅行。刚满22岁，他在危地马拉的原始森林中发现了一座玛雅神庙。26岁那年，他历经艰险，完成了对尼罗河溯源的探险。后来，他曾在南美洲的原始部落生活过，登上过土耳其的阿拉拉特山和非洲的第一高峰乞力马扎罗峰。他曾开过两倍于音速的飞机，写了一本关于尼罗河探险的书。如今，科达尔早已年过60，实现了106个愿望，但是他还是坚持，锲而不舍。用他自己的话说，"我制订这个计划，是为了使自己总有奋斗目标，是锻炼自己的坚强意志。"他这种锲而不舍、不达目的决不罢休的精神，是值得学习的。法国作家雨果说："事业的大道荆棘丛生，这也是件好事，常人都望而却步，只有意志坚强的人例外。"创新的勇气来源于创新的动力，而这一动力又来源于高度的事业心和责任感。一个对事业缺乏热情的人，是不可能具有创新意识和创新精神的，也就不可能抓住机遇，开拓进取。掌握深厚的创新本领和创新方法是实现创新的基础。要不断学习新知识，扩大知识面，保持持续发展的后劲。科学技术出现了高度分化和综合的趋势，各门学科之间的相互交织、渗透、融合，形成了纷繁复杂的知识体系和方法。因此，不仅要学习本专业和相关专业的知识和技能，还要适当学习人文科学知识，培养创造性思维的能力。知识面的狭窄和陈旧，无法跟上知识经济时代的步伐，也就不能适应创新的需要。具有良好的创新素养和创新品格是实现创新的重要保证。人品和科学业绩是密切相关的。要想创新，就必须具有爱岗敬业、无私奉献的精神，取长补短、团结协作的精神，自力更生、艰苦奋斗的精神，百折不挠、勇往直前的精神，一丝不苟、严肃认真的精神，谦虚谨慎、戒骄戒躁的精神。这已为无数古今中外在科学领域中作出巨大贡献的科学家所证实。

年轻创新人才的培养

大力培养创新年轻人才，为他们提供物质保障、精神保障、时间保障、文化环境保障。中国人的智力水平很高，为什么有的年轻人跑到外国发挥聪明去了。不要一讲创新人才就是外国的、留洋的、文凭高的才是创新人才，本地的、家门口的就不是创新人才。在我国历史上，善于发明创新的能工巧匠，都是得到人们的支持和尊重，这样才使得创新精神发扬光大，创新活动生机勃勃。尊重知识则是尊重科学，尊重人类创造的文明成果。尊重人才是爱护和发挥有真才实学的人的作用。创新是本领的重要表现，是在实践中培养和造就的。不能想象一个不参与科学实践的人，能够有什么科学创新，或者指导别人去创新。也只能在实践中才能发现人才。中国有句老话"士为知己者死，"这是中国知识分子在中国传统文化中熏陶出来的品德，是发挥人才作用最应注意的方面。关心年轻人才的疾苦，创造较好的生活和工作条件，他们的创造性和积极性就会得到充分的发挥。有一位表演大师上场前，他的弟子告诉他鞋带松了。大师点头致谢，蹲下来仔细系好。等到弟子转身后，又蹲下来将鞋带解松。有个旁观者看到了这一切，不解地问："大师，您为什么又要将鞋带解松呢?"大师回答道："因为我饰演的是一位劳累的旅者，长途跋涉让他的鞋带松开，可以通过这个细节表现他的劳累憔悴。""那你为什么不直接告诉你的弟子呢?""他能细心地发现我的鞋带松了，并且热心地告诉我，我一定要保护他这种热情的积极性，及时地给他鼓励，至于为什么要将鞋带解开，将来会有更多的机会教他表演，可以下一次再说啊。"老人的关怀可以说是入微，这样的心境是多么的健康。通常杰出青年人才是在承担的重要工作中，通过创造性的工作脱颖而出的。不能求全责备，评头品足。要鼓励青年人才敢于标新立异，同时又要有韧性，特别是在独立工作能力和创新能力的培养方面，应积极创造机会和条件，让年轻人才主动地寻求新的知识，取得新的经验，经历新的考验，提高观察事物和解决问题的能力。邓小平同志讲要做科学教育事业的后勤部长，其意义是深刻的。国际经济一体化的新形势，要求创新人才除了要具备较高的政治素质外，还要具有与知识经济时代相适应的现代文化素质。江泽民同志指出，当今时代是一个各种新事物、新知识、新经验层出不穷的时代，各级领导要学习科技知识、市场知识和金融知识，用各种新知识把自己武装起来。提高创新人才的现代文化素质，已成为当前创新的重要任务。创新人才的现代文化素质主要是以实现社会主义现代化为目标，以适应发展知识经济为方向，努力强化现代思想观念、现代科学技术和现代文化知识等方面的修养，并外显为适应经济发展的哲学思辨、科学决策、综合协调、文化建设、激发活力，以及可持续发展等多方面的行为能力和成果。这就需要增强自我提高现代文化素质的意识，自觉、持久、扎实地学习，在实践中不断发扬创新精神、提高创新能力，努力做到智力、文化、经营决策水平到位。人才在任何领域成长，都需要实践的锻炼。有些专家主张，在培养年轻人才时，要给他们不断地加任务、加压力、提要求，使他们天天感到很紧张，天天感到这个不懂，那个不行，使他们有一种强烈的锻炼感和求知感。经过这样五年十年的锻炼，就有了扎实的基础，就能够锤炼出来。锤炼是人才成长的激素。获得 1995 年诺贝尔生理和医学奖的美国加州理工学院生物系教授刘易斯，为人淡泊名利，无论春夏秋冬，每天都在实验室里工作到深夜才回家，把自己一生的精力都倾注到小小的果蝇上。在刘易斯获得诺贝尔奖前的一次聚会上，一些科学家同刘易斯开玩笑说：你要得诺贝尔奖了。刘易斯听后，微微一笑说：我认为我早已得到了。科学家一句话，点破了人才培养的一条途径：千里之行，始于足下。只有在长期的工作实践中锤炼自己，才能更快更好地成才。

人的创造力，是最能开发并超越人类自身成就的能力，但也是最容易受到压抑和挫伤的能力。

第四章　创新能力

一、创新能力是人才的核心

创新能力是个体的一种创造力，它不是孤立地存在于个体的心理活动中，而是与每个人都具有的人格特征紧密相关。科学发展史的实践证明，优良的人格特征是创造力充分发挥的必备心理品质。有突出创新成就的科学家都具有优良的人格特征，其中事业心、责任感、勇于探索、敢于创新的精神尤为重要。

创新能力的培育

现代社会已进入创新时代。可以说不创新则停顿，不创新则衰退，这已成为大多数人的共识。致力于研究新情况下的新问题是永恒的主题。当前管理的对象开始变为知识劳动者。管理要素以知识为中心，管理模式变为分权制的网格化方式，管理程序变为目

标管理。因此，必须不断地探索新办法，总结新经
验，为实现新的目标而创造必要的条件。创造性思维
方式是培养创新能力，进行开创性工作的起点。行为
管理产生于形象思维，能力管理产生于复杂思维，超
常思维将产生意想不到的效果。第二次世界大战末
期，盟军的最高决策层做出横渡英吉利海峡在法国登
陆的决定后，从 3 个可供选择的登陆地点中，选中了
比较理想的诺曼底。但是碰到了一个大难题，诺曼底
没有大型码头，大型运输舰无法停靠。要是停在海
上，然后再用登陆艇进攻，那么，重型武器上不了
岸，登陆部队就容易被德军击退。必须迅速兴建一个
大型码头，可是这谈何容易。根据众人的一致经验，
即使尽量抓紧时间，没有三年五载是不行的。各方面
的有关人员纷纷提出了不少可以进一步缩短工期的建
议，但也至少要一两年时间。此事迟迟没有进展，成
了诺曼底登陆这一战略计划付诸实施的"瓶颈"。后
来美国的巴顿将军提出了一个令人大为惊诧、被视为
异想天开的新设想：像用预制件建造房屋那样，用预
制件建造大型码头。到需要用的时候，只要将准备好
的预制件运到诺曼底，很快就能装配出几个大型码头
来。虽然人们由于自己的经验，对这一大胆的创新设
想一时都很难接受，但经过多次研究和实验，终于相
信这是一个可行的办法。它的主要构件是用混凝土建

造的大船，由一些很重的首尾相连的"箱子"组成，当它沉入海底后，可以经受得住风浪的冲击。在发起进攻前，用潜艇将各种预制件运到登陆地点，先完成水下部分的建造，登陆时再完成水上部分。采用这样的办法，盟军在很短的时间内就建造成了10余英里的大型码头，可供几十万人的机械化部队登陆使用。万万没想到盟军会从诺曼底登陆的德国军队，在这次战役中被打得措手不及，晕头转向。诺曼底登陆的成功，作为辉煌的战例之一被载入了世界军事史册。常规思维是纵向、线性、刚性的思维方式。创新思维是多向、发散性的，思维方式是具体辩证的。中国古代，关于谋略的产生，通常认为中、下略是常规思维的结果，上略是创造性思维的结果。因此，要由中略或下略作为设谋的起点。常规思维为正，创造性思维为奇，设谋要经历参正变奇和参奇再变的过程，领导者只有具备了创造性的思维，才有可能进行开拓性的工作。美国国际商用机器公司有着一套自己独特的营销策略，即几乎从不首先开发新产品，而是等别的公司新产品露面后，立即派出员工，深入用户那里调查取证，虚心向用户探询新产品的优缺点和用户的建议，然后再依据用户的这些意见和建议，迅速开发出完全符合顾客要求的"新产品"。据有关专家分析，国际商用机器公司很少在新技术方面走第一步，但也不落后很多。他们几乎从没有过首先在市场上居新技术前列的产品，而是其他公司领先开路，它再从这些公司产品寻找不足，吸取教训，结果是国际商用机器公司的"新产品"经常比其他公司设计得好。其中数学计算机分公司在总结这方面的经验时说："我们有意在技术上落后两三年，把产品的试用和打开市场的工作让别人来做，而后根据别人的试用反映和结果再来研究我们自己的新产品，这样可以有效地避免弯路，减少人力、物力和时间的浪费，以捷径争得市场上的领先地位。这就是一种颇具'玄机的超常思维'。"创新的机会来源于各种竞争产生的不平静的环境中。一般来说，意外的机遇，新知识的产生，现实生活中的不协调现象，工作任务的需要，人文情况的变化，知觉和观念的变化都可能成为创新的来源。当我们能做到用眼用心去创造时，就有可能抓住转瞬即逝的机会独辟蹊径，并在管理实践中不断提高创新能力。领导者的创新能力直接来源于创新意识，而创新意识是创新行为的前提。但并不是有了创新意识，就一定能够创新。任何新的构思，新的做法都不可能离开已有的基础，都是在继承好的传统和成功的经验前提下，创新才能取得成功。创新还有一个最基本的要求就是务实，古今中外任何成功的事业都是脚踏实地干出来的，求实就是从实际出发去求实效，这是创新的本质要求。

创新之本在于人

创新的实质是通过科学研究、生产活动和管理实践，创造新的思想和成果并转化为生产力，以促进国民经济的发展。无论是知识创新、技术创新还是管理创新，创新的主体都是人，创新的成果都要靠人来完成。所谓一个人的创新能力，是指能产生符合某种目标、新颖而具有社会或个人价值产物的能力。一个人的创新能力其发展受诸多因素的制约。教育对一个人创新能力的培养起着十分重要的作用，是创新人才成长的重要阶段。创新能力的培养并非任何一种教育都能奏效，只有实施创新教育才能达到预期的目的。有位教师讲《愚公移山》，就突破了以往单纯由教师分析课文，归纳"智叟不智，愚公不愚，歌颂了一种艰苦奋斗、自力更生精神"的传统教法。他抓住"愚公移山"这一核心问题，放手让学生展开发散性思维。有的说："老师，干吗一定要移山呢？不就是山挡住去路了吗？移民不就解决了问题吗？比移山容易多了"。有的说："实在过不去，也不一定移山，打个隧道通到那边去不就行了吗？"还有的认为移山破坏了生态平衡。这位教师对同学们大胆冒出的这些想法一一予以肯定，认为有创新精神。然后从两个方面加以引导，一是引导学生以历史唯物主义态度去认识古代愚公移山的故事，当时的人们还未摆脱原始落后的状态，愚公移山表现了人们的理想追求，歌颂了一种艰苦奋斗、自力更生的精神。二是引导学生做新愚公，奋发努力，掌握科学武器，去寻找解决问题的最佳途径。这样的教学案例，体现了创新教育的思想和要求，是一种优化的教学过程。哈佛大学校长陆登庭在北大讲坛上讲："在迈向新世纪的过程中，一种最好的教育就是有利于人们具有创新性，使人们变得更善于思考，更有追求的理想和洞察力，成为更完善、更成功的人。"知识是产生创新的基础和原料，任何领域的创新活动都要以该领域中的已有知识和成果为起点。而知识对创新的作用，不仅仅在于知识的数量，更重要的在于知识的组织结构。从内容上来说，一个合理的知识结构应包括，比较宽厚的基础知识，一定深度的专业知识，主要学科及相邻学科的前沿知识，必需的横向学科知识和科学方法论知识，一般的文化和社会知识。从人的智能结构角度来看，这个知识结构的特征是，高度准确、着眼联系的概念；从一般到特殊的双重知识等级；大容量在内容上有必然联系的信息；不仅让人知道结论，而且还告诉人们产生结论的背景和条件的知识。思维的独立性和批判性是创造思维不可缺少的重要思维品质。培养人们独立思考能力，要抱着批判的态度学习，不盲目迷信权威。读书时要存心诘难作者，不可尽信书上所言。只有经过独立思考，才能吸收有益的知识，变为自己应用的学识，同时又养成独立思考的习惯，锻炼独立思考能力，也才能使自己具备高效能的知识结构。1865年4月的一天，马克思在同女儿们玩当时流行的"我的自白"的游戏时，在"您最喜欢做的事"一栏写下了啃书本一语。的确，综观马克思的一生，啃书本的确是他的一种生活方式。马克思啃书本有两种方式：一种是用思想去"啃"，主要是通过写笔记的方式汲取书中的精华，这是工作，是创造。另一种是用感受去"啃"，休息头脑，主要是读小说，在劳作的间歇又为创作、论战准备了一些诱人的作料。马克思的一生是啃书本的一生，也是创新的一生，而啃书本与他的创新又是紧密相关的。这种关系突出地表现在他写作《资本论》的过程中。马克思的啃书本精神，也印证了他在《资本论·法文版序言》中写下的科学创新格言："在科学上没有平坦的大道，只有不畏劳苦沿着陡峭山路攀登的人，才有希望到达光辉的顶点。"广泛的兴趣，强烈的好奇心和求知欲，敏锐的观察力，多想多思，是发现问题的基础。面对激烈的竞争，创新精神更是必不可少的一项重要素质。人类社会发展的历史，社会的进步和科技的发展，没有哪一样不是对创新的最好回报。第二次世界大战结束后，创新使人类掌握了核裂变反应堆技术、半导体技术和第一代计算机等，到 20 世纪 50 年代末，信息科学技术、生命科学技术、新能源科学技术、新材料科学技术、有益于环境的高新技术和软科学技术得到创立并迅速发展，很快成为第一生产力。从这一切的变化发展来看，有一点是毋庸置疑的，那就是能领导世界发展潮流的国家必定拥有大批杰出的创新人才，能领先一个学科发展的必然是最杰出的最富有创新精神的天才。1454 年到 1610 年，文艺复兴时代意大利成为世界科学史上的第一个中心。当时意大利杰出科学家的人数占全世界科学家总数的 55%，重大科技成果占全世界总数的 53%。1660 年到 1750 年由于欧洲的思想启蒙运动，英国成了世界科学的第二届中心，当时英国杰出的人才占全世界杰出人才的 36%，重大科技成果占全世界的 40%。1770 年到 1830 年，由于思想启蒙运动的发展，使得法国成为第三届世界科学文化发展的中心，当时法国的杰出人才占全世界杰出人才的 38%，重大成果占全世界的 40%。1840 年到 1910 年，德国成了世界第四届科学文化的中心，当时德国的杰出人才占世界杰出人才的 38%，重大科技成果占全世界的 41%。从 1920 年始，美国成了世界科学文化的中心，也是世界上最富的国家，仅以

20 世纪 50 年代为例，美国杰出科学家的人数就占全世界的 42%，重大科研成果占全世界的 57%。在诺贝尔奖获得者中也是美国人最多，有时多到囊括了一年的全部诺贝尔奖。在进行创新活动的过程中重要的一点就是，要把握思维角度的转换。有些问题从原来的角度去考虑很难解决，但只要稍稍转换一下角度，也许就能够迎刃而解。有些课题也许已经很成熟了，但只要转换一下思维，也许就能"柳暗花明又一村"。美国著名数学家控制论创始人维纳说过："在科学发展上可以得到最大收获的领域，是各种已经建立起来的部门之间的被忽视的无人区。正是这些科学的边缘区域，给有修养的研究人才提供了最丰富的机会。"科学的无人区就是边缘科学。现在科学研究中的边缘科学已经从第一代发展到了第二代。第一代还只是科学与技术的结合，第二代则是科学技术与社会科学相结合的产物了。许多新兴边缘科学的名称也表明了这一点，像文化人类学、生态政治学、地理政治学、政治社会学等等，这些科学的无人区确实是值得人们选择的突破口。维纳也正是看到了这一点，便同医学家罗森勃吕特、数学家诺意曼等密切合作，在通信技术和现代生物学的结合部积极探索，创立了控制论这门独立的专门学科，维纳也因此成为控制论的鼻祖而流芳在科学发展史上。

新世纪呼唤提高创新能力

创新是新世纪的呼唤，也是新任务新机制新环境向人们提出的迫切要求。提高创新能力是改革的需要。改革是一种创新的革命，没有现成的道路可走，一切都有待于大胆的创造和探索。尤其是改革进入攻坚阶段后，各种深层次的矛盾将显露出来，使得情况更为复杂，工作更加艰难。只有勇于探索，敢于开拓，善于理论联系实际，才能拿出新办法，走出新路子，将改革引向深入。面向未来，面向世界，面向现代化，尽快提高各级领导干部的创新能力，也就成为当务之急。特别是面对难以预料的新情况、新问题、新考验，因循守旧终将贻误时机，墨守成规只能导致落后。只有解放思想、实事求是，不断创新、开拓前进，才能战胜困难，进一步发展自己。提高创新能力，重要的是对创新意义的认识，树立创新意识。进一步解放思想、实事求是，一切从实际出发，善于独立思考，不断开创新局面。提高创新能力，需要有一个好的精神状态。以创新的精神对待工作，树立探索意识、风险意识和奉献意识，做创新的带头人。需要克服的一些思想障碍：一是唯书。对书本、理论、文件采取教条主义的态度，机械地照搬照用，照抄照套，而不是从实际出发，不顾变化了的客观情况。在生动火热的实践中，不是把实践作为检验真理的唯一标准，而是习惯于从本本中找答案。二是唯上、唯权。不管对错，都盲目地听上级的，听领导的。谁有权谁就有理，谁权大谁真理就多，把上级、领导庸俗化了。三是因循守旧。中国有几千年的封建传统，又有几十年的计划经济，历史的某些积淀依然影响着人们，因循守旧、不思进取心理还在不少人头脑中作怪。对那些陈旧的或过时的东西存有留恋情绪，对新理论、新观念、新事物总有一种怀疑、排斥心理。如此种种都是有害的，它扼杀幼苗，销蚀生机，阻碍社会发展与创新。

二、创新能力是一种创造力

一部社会发展史，就是人类不断创新的历史。一位哲学家曾经说过，人按其本质来说是一个创造者，是自身和自己世界的创造者。人存在方式的本质，就在于这种创造积极性。在当今时代，创新意识和实践能力构成人的最突出的现实本质，它不仅是人区别于动物的根本特征，而且也是区别于前人的突出品格。

整体就是力量

培根提出了"知识就是力量"的著名论断，引发了欧洲一次伟大的思想解放。两百多年之后马克思又提出："整体就是力量。"前者强调知识的重要功能与作用，后者强调社会整合的功能和作用。其实知识的力量需要融入经济的、政治的、社会的整体运行过程，而社会的整体力量需要注入知识的活力，这就是知识、经济、社会日益增长着互为中介的整体力量。不仅要求现代知识作为经济高速增长源，而且要求知识与经济互为中介的整合力推动经济发展和社会的全面进步。"知识就是力量"是从知识自身的功能和作用出发，"整体就是力量"是从知识、经济整合互为中介的整合力量，而且这是最关键的问题。从这个意义上讲中国古代虽然有其辉煌的古代文明，但中国古代的科学、技术、实验三者互相分离，并以技术发展为主导，这就不可能形成"整体就是力量"。而西方恰恰相反，科学、技术、实验三者经过互为中介的整合，体现了"知识就是力量"与"整体就是力量"的一致性。从"知识就是力量"到"整体就是力量"，走进知识经济时代，经过近 400 年的科学技术加速发展历程，人类终于找到了经济增长和社会进步之路。今后的发展不仅要高举"知识就是力量"的旗帜，更要高举"整体就是力量"的旗帜。知识的真正活力在于创新，诸如理论创新、技术创新、实验创新，重要的是理论、技术、实验互为中介的整体优势，并依靠这种优势融入政治、经济、社会，经过互为中介的整合，形成"整体就是力量"。而这里强调的"整体就是力量"，不仅体现了知识就是力量的创新，而且有知识创新，经济创新，社会制度创新经过互为中介的整体就是力量的创新，进而体现在市场经济条件下的产品创新、市场创新。产品创新，关键是体现在产品中的经济与文化整合优势的创新，只有产品的创新才是市场创新的基础和前提。无论高层次，还是中低层次，消费需求都有一个创新市场竞争的问题。现在全国知名的羽绒服品牌"波司登"，1984年首次进入市场时，中国已经有400多家羽绒服厂，鸭鸭、伊里兰等一大批知名品牌已经把市场瓜分掉了。波司登的总裁高德康认识到，随着时代的发展，羽绒服的功能已不仅仅局限于御寒保暖，追求美观变得越来越重要。确定了这个顾客满意的全新目标之后，高德康引进设计人才，研究国内外潮流趋势，改变传统的设计观念，大胆创新。他将原先60%、70%的含绒量，提高到90%，在臃肿的外形上减肥，赋予简洁、贴身和流行的时装风格，色彩更趋于自然，还使用进口高新技术面料，适应运动、休闲需要。观念创新和设计创新使波司登在激烈的市场竞争中脱颖而出，很快风靡全国。目前，波司登销量在全国遥遥领先。知识创新是指为了企业的成功，民族经济的发展和社会的进步，应用新的思想，使其转变为市场化的商品。知识产品进入市场的竞争力，是由知识产品的学术价值、社会导向价值和经济价值决定的。考察市场竞争力，自然要从知识产品的多种价值实现程度出发，如一本学术专著进入市场，更多的是由同行学术界的认定程度而定。又如一个好的电视剧或其他文艺作品进入市场，更多的是考虑其社会导向价值的实现程度而加以认定。一些有害的文艺作品，虽然也有消费市场，但它对社会导向价值起的是负效应，这类作品是不允许进入市场的。

要树立正确的创新观念

创新意识是一种动力，整个创新就是在创新意识的支配下，实现新目标的思维活动和实践活动。一要观念新。创新不仅是手段和方法的革命，更是观念的革命。现在人们的思想十分活跃，有许多新观点、新理论。过去的经济学强调商品的价值由生产这个商品的社会必要劳动时间所决定，价格围绕价值上下波动，价值是不以人们的意志为转移的。有些年轻的经济学家提出了一种新的观点，就是社会认同、人们认同才会有价值。如一个杯子，消费者不认可，卖不出去就谈不上价值，定什么价格都是没有意义。泰山上的挑夫与唱歌的付出的劳动绝对不同，但唱歌的却几分钟拿走几万元，因为人们认可了，即使同是唱歌的，你没有实力，观众不认可，也可能只给几千、几百，甚至不请你。这就看出了观念上的差别。我们暂且不论这种观点对与否，主要是应当看到事物都在变化，理论和观念也在变化，思想什么时候也不能僵化。当然，对社会上的各种新观点，必须用马克思主义的立场来分析，从政治上加以鉴别。二要思路新。如果说观念指导实践，那么思路则决定出路。报刊上曾登过一件有意思的事，说两个美国青年一同开山，汤姆把石块砸成石子运到路边，卖给建房的人。而杰克直接把石头运到码头，卖给加州的花鸟商人。因为这儿的石头是奇形怪状，他认为卖重量不如卖造型。三年后，杰克成为小镇上第一个买上汽车的人。后来，不准开山，只许种树，于是这儿成了果园。等到秋天，满山遍野的鸭梨招来八方客商，他把堆积如山的梨成筐成筐地运往纽约和华盛顿，然后再发往欧洲和日本。因为这里的梨汁浓肉嫩，纯香无比。当小镇上的人为鸭梨带来的小康日子而欢呼雀跃时，杰克卖掉了果树开始种柳。因为他发现，来这儿的客商不愁挑不到好的梨，只愁买不到盛梨子的筐。五年后杰克成为镇上第一个购买别墅的人。再后来，一条铁路从这儿贯穿南北，小镇对外开放了，果农由单一的卖水果，也开始谈论果品加工及市场的开发问题了。就在一些人开始集资办厂的时候，杰克在他的地头上砌了一座三米高、百米长的墙，并面向铁路，背倚翠柳，两旁是一望无际的万亩梨园。坐车经过这儿的人，在欣赏盛开的梨花时，突然看到四个大字：可口可乐。据说这是五百里山川中唯一的一个广告。杰克凭着这垛墙第一个走出了小镇，他每年有 4 万美元的额外收入。英国壳牌石油公司美洲区代表威尔逊来美国考察，当他坐火车经过小镇时听到这个故事，他为杰克罕见的商业头脑所震惊，当即决定寻找杰克。当威尔逊找到杰克的时候，看到杰克在自己的店门口与对面的店主吵架。因为他店里的一件西装标价 800 美元的时候，同样的西装对门商店却标价 750 美元；他标价 750 美元的时候，对门就标价 700 美元。一个月下来，他仅卖出 8 套西装，而对门却批发出 800 套。威尔逊看到这种情形非常失望，觉得小伙子并不像别人传说的那么灵，感觉被讲故事的人给欺骗了。但后来当他弄清真相之后，立即决定以百万美元的年薪聘请杰克，因为谁也没有想到对面的那个商店也是杰克开的。当然小伙子的举动并不是我们所说的创新，这种竞争手段也是不值得提倡的，这里只是想说明杰克的思路是不断变化的。在现实生活中，很多情况下，换一个思路结果就会大不一样。许多同志都有集体合影的体验，上百人"咔哒"一声照下来，总有闭眼的，摄影师喊"一、二、三！"可还是有人坚持了半天之后，恰巧在"三"时坚持不住了。有位摄影师换了一个思路，他请所有人全闭上眼，听他的口令，同样是喊"一、二、三！"在喊"三"时一齐睁开眼。果然，照片冲洗出来一个闭眼的也没有，全都显得神采奕奕，皆大欢喜。熊彼特说过，只有倡导和具备创新活动的管理者才是企业家，否则只是"老板"。现在有一种"胜者全得"的理论，讲的是在观念上、理论上、技术上领先一步者，就有可能占据这个领域的大部分天地，包括市场。创新也是分层次的，一般的改进也可以说是创新，但是当今国际竞争的制高点，是原始性的创新。如高清晰度电视是日本和美国竞争的一个重要阵地，日本是在模拟基础上搞高清晰度电视的，觉得速度快，风险少，花了几个亿，也取得了一定进展。但到了1993年，美国人搞数字技术，一下改变了他们竞争的格局，日本走的模拟式道路被打垮，而美国发展步伐大大加快，不局限于高清晰度电视机，其他许多方面都受益匪浅。我国科学家路甬祥专门对诺贝尔自然科学奖百年来获奖情况进行了深入分析，提出了科技原始创新的规律，强调"创新意识、原始性创新思想与创新战略比经费与设备更具有决定意义"。有人说，农业时代的军队是体能军队，工业时代的军队是技能军队，而信息时代的军队是智能军队。在激烈的智能竞争中，谁的创新意识和创新能力强，谁就将赢得主动。增强创新意识，关键是"两有"，也就是要有自信，有理性的怀疑。首先，创新必须要有自信。知识经济时代的一个重要特征，就是人的创造力的解放，即使是普通的人，只要他有创新的欲望，只要他提出有价值的构想，都有可能由此发展成为一门新的学说、一项新的技术甚至开创一个新的领域。著名物理学家杨振宁在回答什么是他一生的最大贡献时，没有讲其物理学的成就，而认为是"恢复了中国人的科学自信。"某种意义上说，从知识经济时代得到的首要的东西，应当是"创新自信"。有人请教一位哲学大师："人活着靠什么?"哲学大师说："呼吸。"那人接着问："呼吸又为了什么?"哲学大师意味深长地说了一句："呼者，为出一口气；吸者，为争一口气。"先进意味着发言权，而这先进主要来源于创新，依赖于创新。其次，要有理性的怀疑。鲁迅先生说：名人的话未必是名言。有的权威的建议会阻碍人的思考，缺乏批判性甚至使人连事实也不敢承认，当然谈不上什么发明创造了。理性的怀疑是有根据的怀疑，不是"怀疑一切"。没有理性的怀疑，怎么可能创新?科学探索是永无终极的，任何事物都是发展变化的，人们没有理由迷信某种结论。具有创新思维的人，能提出探索性问题，能发现被别人忽视的新生长点，能以创造性的方式运用知识。创新必须要敢于挑战、敢于提出新的思想，同时又有不怕失败的精神。创新肯定会有失败，对于创新者来说要不怕失败，对于社会来说要允许失败，不以成败论英雄。国外风险资本家对于"赢"和"输"的比例的心理承受能力是2：8，投入10个项目，2个赢利而8个失败，他们能够承受。事实上由于高新技术产业的高速发展和高赢利率，两个项目的成功足以弥补8个项目的失败。而我们的风险投资的承受度，至少是百分之七八十的把握才愿意干。在硅谷，其氛围就是提倡创新，允许失败。投资方看你的申请项目，不只看你的学历，更重要的是看你的经历。有些人失败过，却更加受重视，这就是一种不同的观念。因为"失败乃成功之母"这样的信念支持着他们。失败者的经验是宝贵的，没有任何利害得失能够阻碍他们创新。而我们的传统文化往往是鄙视失败者，那种"一失足成千古恨"的文化意识，使人们不敢大胆创新，这是必须改变的。

三、提高组织协调能力

一切创新要有人才，知识培养人才，人才进一步创新知识，所以知识创新要以人的创新为前提，人才创新的关键是创新人的素质，创新人才的组织协调能力是一个重要的方面，现实生活中有时容易忽视这个问题，但提高创新人才的组织协调能力是工作实践中必须解决的问题。

在注重人才是创新之本上下工夫

从社会发展来看，朴素的社会学认为人是万物的主宰，管理应从人入手，人是创新之本，管理要以人为本。根据人类需求的层次理论，了解每一位科技人员的不同层次的需要，以个人需求为基础进行激励，促使达到更高的创新成果。在科技群体和团队的组织管理中，要使每一个成员都能各尽其才，各得其所，使各个本来分散的个体和不同个性的人，组织成一个有共同目标、相互协调的团队。建筑大师张开济是天安门观礼台的设计者，他谈到天安门城楼前本来就不应当再搞任何建筑，可是又需要搞一个观礼台，有人当初设计把观礼台盖上琉璃瓦，和故宫配套。张开济认为这个设计越不显眼越好，所以设计高度不超过天安门的红墙，颜色是红色，琉璃瓦绝对不用，让观礼台和天安门城楼浑然一体，这叫此处无声胜有声。现在大家看天安门城楼一般人的确没有感到有一个什么观礼台存在，好像本来就是那样的，这就是最大的成功。张开济认为该当配角的就当配角，观礼台就是天安门城楼的配角，配角成功了也是贡献。因此，要有全局意识，有协作意识，在各自的岗位上，充分发挥自己的才能，无论主角配角要协调好。要使团队整体的能力不是各成员个体能力的算术和，而是在数量和质量上都超出所有成员能力的总和。要善于发现团队中的拔尖人物，使团队中的天才发挥其天才的作用，也要使普通人发挥天才人物的才能，使每一个人发挥出比他个人能力大得多的能力，使每个人的缺点和弱点减小到最低限度。一个群体的管理工作是需要协调的。如选聘曼哈顿工程技术领导人，有关当局并没有选择诺贝尔物理学奖获得者爱因斯坦、康普顿、费米等人，而选择了当时只属二流物理学家的奥本海默，因为他知识面广，博学多才，善于团结和协调各种类型的科学家。后来实践证明这个选择是正确的。他的才能确实与曼哈顿工程的管理能级相对应。具有创新意识的管理者，要激励各个成员有上进心，不断打破旧的协调的平衡状态，进入更高的协调平衡状态，激发各成员的创新意识和创新能力。一次民主德国柏林空军俱乐部举行盛宴招待空战英雄。一位年轻的士兵斟酒时不慎将酒泼到乌戴特将军的秃头上，顿时，士兵悚然，会场寂静。倒是这位将军轻拍着士兵的肩头说："老弟，你以为这种治疗能再生头发吗？"全场立即爆发出了笑声，人们紧绷的心弦松弛下来，盛宴保持了热烈欢乐的气氛。年轻士兵们无不感谢将军的宽容，回到岗位后取得了更大的成绩。大智慧是一种大涵养，有涵养的人才善于学习。我们从多话的人学到了静默，从褊狭的人学到了宽容，从残忍的人学到了仁爱。一般来说，人的创新潜能几乎可以说是无限的，要激励更新、更高的创新能力，不能靠机械的强制，而是靠人格和道德的力量。提倡和树立做得到、看得见、符合创新实际目标的高标准的道德规范，宣传创新人才应具有的敬业和奉献的人格特征。充分发挥成员的积极性，制定公正合理的评价制度以及奖惩办法。说到底管理的本质是人力开发，创新之本在于人。

在解决重点和棘手问题上下工夫

抓住重点环节带动整个链条，是列宁提出的一个著名论点。在复杂的事物发展过程中，虽然同时存在许多矛盾，但其中必有一个矛盾对事物的发展起着支配、决定的作用，这就是主要矛盾。"抓住了这个主要矛盾，一切问题就迎刃而解了"。唯物辩证法认为，任何事物都是在运动的，点动成线，线动成面，面动成体，因此抓住重点就带动了整体。突出重点，前提是敏锐地发现和判断重点，科学地认识和确定在诸多工作中，哪项工作是处于"牵一发而动全身"的主导地位。这就要求必须搞好调查研究和分类排队，看看什么是最重要、最有决定意义的大事。否则，就会在千头万绪的客观事物面前眉毛胡子一把抓，在外围打了半天仗却收效甚微。解决重点问题，首先，对重点问题要紧紧抓住不放，一抓到底，抓出结果，直至主要矛盾得到彻底解决。对重点问题，不抓不行，抓而不紧也不行。其次，要注意处理好重点与一般的关系，既要以主要精力抓好重点工作，又要统筹兼顾，通过抓重点带一般，用一般促重点，确保各项工作全面落实。尤其是创新人才，更要重视全面提高自身的素质。当一个好人也很难，做一个创新者就更难。因此，他要经得住各种误会和抱怨，经得住褒奖和打击。时常有这样的情况发生，当现实生活中的创新者问，你家里的人最近好吗——"好管闲事。"他若不问候——"毫无人情味。"他若提出新建议——"别出心裁，显摆自己。"他若征求建议——"这人毫无主见。"他若做事果断——"太草率，未经思考。"他若多听意见——"没有魄力！"他若开个玩笑——"故意讲傻话。"他若不开玩笑——看到笑脸太难。他若对人亲切——"厚着脸皮讨好人。"他若对人稍微严肃一点——"骄傲自大，目中无人"等。这就要求创新者必须在学习和研究协调艺术方面多动些脑子，讲究科学的工作方法，使自己所分管的工作很有章法、很有秩序、很有效率地展开。邓小平同志曾经说过：我们开会，作报告，作决议，以及做任何工作，都为的是解决问题。提高组织指导能力，要把解决问题特别是解决那些棘手问题，作为一个重要的出发点和落脚点。可以这么说，看一个人的组织指导能力怎么样，不妨看看他在解决棘手问题方面有没有作为，有多大作为。所谓棘手问题，就是情况复杂、困难较多、阻力较大、头绪较乱、积重难返的问题。这类"挠头事"一般具有复杂性、严重性、敏感性特征。复杂性是指有的问题本身就是一团乱麻，加上其他因素，从而使每个细节上的差错，都可能引发出新的或更为严重的问题；有的问题是"拔起萝卜带出泥"，旧问题未解决，新问题又出现。严重性是指棘手问题经常伴随着比较严重的性质与后果，要么事关重大，要么为党纪国法所不容，群众反映强烈，上级领导关注，对个人或单位影响深远。敏感性是指这类问题常常与某些人的切身利益密切相关，所以处理起来，这些人就会很敏感很关注。此外，有的棘手问题还有一定的突发性。应当说，棘手问题的形成常常呈累积性，但这类问题的爆发又往往呈突发性，势头猛，变化快，难以驾驭。凡事预则立，不预则废。只有平时保持敏锐的政治警觉性，注意观察和分析国内外形势的动态性、倾向性问题，努力拓展信息获取渠道，才能处理好棘手问题。很多人可能会一帆风顺，但可能干不了大事情。这样的人可以得到普通的幸福，一般人能做的事，他也一定能做。可是，会做一般人都会做的事，对人生来说是没有意义的。因为，普通就意味着可以被代替，这就很没劲了。别人不在意的事情你却要留神，别人可能不需了解的问题你必须研究，这样才能为解决棘手问题创造重要的前提条件，避免临阵茫然，措手不及。对棘手问题，既不能掉以轻心，也不能鲁莽行事，必须讲究处置艺术，力求最大限度地减少负面影响。

在发现和运用典型上下工夫

典型的作用是巨大的。利用正反两方面的典型教育引导干部，是我们党政治工作的一条宝贵经验。宣传先进典型的作用无疑是巨大的，反面典型的警示意义同样也是不能低估的。1937 年 10 月，黄克功对女学生刘茜逼婚未遂，开枪打死刘茜。如何处理这件事，关系甚大。有些人提出，在国难当头，急需用人之际，可让他戴罪杀敌。黄克功是毛主席的老部下，为免求一死，他写信给毛主席。毛主席说，黄克功过去历史是光荣的，今天处以极刑，我及党中央的同志都是为之惋惜的。但他犯了不容赦免的大罪，如果赦免，便无以教育党，无以教育红军，无以教育革命者，并无以教育每一个普通的人。毛主席要求，一切共产党员，一切红军指战员，一切革命分子，都要以黄克功为前车之鉴。对黄克功这个反面典型，毛主席抓得紧，用得好，使党和军队各级领导干部受到了极大的震动，也赢得了社会名流与人民大众的信赖和赞誉。历史常常有惊人的相似之处。在国民党军队中，有一个叫张英成的高级将领，年轻干练，曾与黄克功所率部队几度交火，为国民党效犬马之劳。一天，回到家中，因怀疑妻子不贞，挥手一枪，将她打死。如此凶残行为，激起社会各界的公愤，告发至南京蒋介石。国民党朝野议论，广为关注。不料蒋介石竟放弃公理，包庇凶手，替张英成开脱，并让他改变名字，秘密调往另外一个军中。1947年在山东率部同我军作战，兵败身死，此人就是号称蒋军五大主力之一的74师师长张灵甫。张灵甫就是张英成。许多人就是从这两件事的对比中，看到了共产党之所以胜利、国民党之所以失败的历史必然性。实践证明，运用典型加强引导和警示，形象、直观、具体、生动，对教育和挽救干部，增强拒腐防变能力，有着不可替代的作用。

在制度建设上下工夫

邓小平同志有句名言：制度问题更带有根本性、全局性、稳定性和长期性。在他看来，我们过去发生的各种错误，固然与某些领导人的思想、作风有关，但是组织制度、工作制度方面的问题更重要。在这个问题上，由于历史传统和思想观念的不同，中西方还是有差异的。当年，哈佛牧师立遗嘱时，把他的一块地皮和250本书赠给了当地的一所学院，这所学院后来发展成了现在的哈佛大学。对于这250本书，哈佛学院一直把它珍藏在哈佛楼里的一个图书馆内，并规定学生只能在馆内阅读，不能携出馆外。一天深夜，一场大火烧毁了哈佛楼。在大火发生前，一名学生碰巧把哈佛牧师捐赠的《基督教针对魔鬼、世俗与肉欲的战争》这本书偷偷带出了馆外，打算在宿舍优哉游哉地阅读。第二天他得知火灾的消息，意识到自己从图书馆里带出的这本书，已是哈佛牧师捐赠的250本书中唯一存世的一本了。经过一番激烈的思想斗争后，他找到当时的校长霍里厄克，把书还给了学校。校长收下书，感谢了他，然后下令把他开除出校，理由是这名学生违反了校规。哈佛的理念是，让校规看守哈佛的一切比让道德看守哈佛更安全有效。这便是他们的行事态度——法理第一。长期以来，一些单位比较偏重于人治，在很大程度上忽略了法治，制度建设没有跟上，这是一个迫切需要解决的薄弱环节。实践证明，不善于运用制度解决问题，不习惯依照制度开展工作，不重视法规制度建设，不仅直接影响管理工作的实效，而且助长领导者的官僚主义、形式主义。因此，必须转变观念，把制度的建设和运用作为新时期提高创新能力的重要内容。

在营造团结协作的氛围上下工夫

组织协调是一种重要的领导艺术。以不同的方式、手段和途径，使各方面各层次的力量为完成任务而配合得适当与和谐，这不是一件简单的事情。首先，注重良好的组织效应。组织效应来源于组织结构，最优的结构才有最佳的功能。爱迪生是人们所熟悉的大发明家，一生中有两千多项发明，平均12天一项，这么多项发明对于一个人有限的精力和生命来讲，实在是不可思议的。但是，爱迪生却把它变成了现实，这其中的奥秘就是爱迪生实验室。爱迪生的发明，离不开他的3个得力助手：第一个是美国人奥特，他在机械方面独具专长，超过了爱迪生；第二个是英国人白契勒，他沉默寡言，善于钻研，常常提出一些古怪离奇的问题，给爱迪生以极大的启发；第三个是瑞士人克鲁西，他擅长绘图，爱迪生的一切手稿，无论多潦草，他都能照着绘制成正式的机械图纸。此外，还有几个埋头肯干的实干家做他的下手。美国著名的管理大师德鲁克说："所谓组织，是一种工具，用以发挥人的长处，并中和人的缺点，使其成为无害。"任何一个组织都是立体的，而不是平面的，这就要求在建构组织时，不仅要有合理的横向结构，而且要有合理的纵向结构。因此，要高度重视优化组织结构问题，既要考虑人员气质和性格的相容相济，更要力求人员特长和专业的互补互利。其次，注重发挥各方面的主观能动性。当代著名管理学家柯维说过这样一句话："所谓领导才能，并不复杂，你只需记住和做到让别人信服你，乐于与你共事，激发自己的最大潜能去冲刺目的。"一个单位的成员往往来自各个方面，相互之间很不熟悉，缺乏默契，由于脾气性格、工作习惯以及文化水平的差异，有时难免会产生矛盾，这时，就必须注意化解矛盾。汽车轮胎为什么能忍受那么多的颠簸？不是靠硬对硬。起初人们想要制造一种轮胎能够抗拒路上的颠簸，搞得很硬，硬对硬反而造成了更大的颠簸，结果失败了。后来研究出了现在使用的轮胎，能吸收路面碰到的各种压力，这样轮胎就能"接受一切"。如果在人生旅途中也能够承受所有的挫折和"颠簸"，就会坦然地面对一切。第三，注重形成一个有利于协作的环境。现实中，有些同志虽然能力较强，工作也很刻苦，但不知道如何加强与周围同志的正常联系、交流与理解，也就难以得到大家的关心、支持和帮助。相互之间有了意见、建议不能坦诚交换，产生误会、隔阂也不能及时消除，结果既不利于团结同志、协力共事，也容易使自己离群索居、处处设防，人为地增加精神压力，分散工作和学习精力。时间长了，这种协调和交往能力上的缺陷，甚至成为影响其有大发展、出大成果的主要障碍。加强协作有一个非常重要的问题，就是要尊重合作者，对他人的劳动给予充分的承认和肯定，特别是在名利、荣誉面前有很高的姿态。现实中，大多数同志不计名利，甘为人梯，在功劳荣誉面前主动谦让。有了这样的姿态，你对别人评价自然就会做到公正合理，别人也会更加服气。实践证明，任何一个群体要想成就一番事业，关键是每一个参与者都要有一种为整体利益而不计个人名利的精神。通过合作，既能实现个人的价值，也能获得应有的回报。

四、没有创新就没有前途

创新作为人类社会发展的动力，贯穿于历史发展的始末。古往今来，一个国家的国力，民族的凝聚力，文化的影响力来源于创新力。可以说创新是历史发展的时代特征，没有创新一个国家和民族就没有前途。

文化制度创新的作用

文化制度建设的根本任务是完善人性。世间并不存在天生的全知全能、至善至美的圣人。无论是领袖人物，还是普通百姓，都存在着人格塑造问题，虽然社会地位不同，职业分工不同，但就个人修身养性而言，都处于文化建设的同一条起跑线上。人民群众是文化制度建设的基本主体，应尊重专业文化工作者的人力资本产权。专业文化工作者包括思想理论专家、文学艺术专家、伦理道德家等文化领域的专业创造者，都是特有的文化型人力资本所有者。他们将自己的潜在人力资本文化生产的知识和能力，转化为现实形态和人力资本文化生产的贡献，在为社会提供文化产品的同时，实现个人的物质和精神效用。由于社会分工的客观存在，每一个专业文化工作者的人力资本都具有局限性特征，促使他们要寻求与其他人力资本所有者的合作。从整个社会的角度来看，就形成一个系统的合作网，就知识的多少有一些深刻的认识。古希腊哲学家捷诺曾讲过这样一则有趣的故事，一个学生问他的老师："老师，你所掌握的知识比我的多许多倍，可是为什么你对自己的解答总是有点怀疑呢？"老师用手杖在沙土上画了个大圆圈，又画了个小圆圈，然后说："大圆圈的面积代表我掌握的知识，小圆圈的面积代表你掌握的知识，这两个圆圈以外的地方就是你和我无知的部分。因为大圆圈比小圆圈大，因而接触的无知的部分也比小圆圈多，这就是我常常怀疑自己的原因。"捷诺的故事揭示出一个让人深思的哲理：已知的东西与未知的东西往往成正比。"让人觉得无知，往往是最大的睿智"，这是西班牙作家古拉西安的名言。从一个人能否正确认识和估价自己，可以看出其知识含量的多寡。意识到自己知之甚少的人，才会有强烈的求知欲。越是自我感觉良好，认为自己知之甚多的人，则恰恰说明其不学无术。文化是一种能力，而它的强大有时却容易被人忽视。当美国人经过 10 年努力，在两万个公司间协同，把 200 万个零件开发、研制、组装完成阿波罗登月飞船，并将它送入月球之后，日本人说，我们能够造出其中每一个零件，但我们缺乏领导这样一个工程的能力。日本人缺的就是一种思维方式，一种思维和把握的能力，这种方式和能力与知识无关，它是文化，是文化的一个部分，是一种文化能力，日本人缺乏这种能力。在中国漫长的历史进程中，识字的人不多，接受知识教育的人更少，在大部分历史时期的绝大部分人中间，知识并没有普及。在没有知识的时代，中国的烹调、中医中药、武术、生产和生活的观念和样式都相当发达。大字不识一个的人，对汉文化的掌握都相当深刻而丰富。他们知道"日晕而风；月晕而雨"，"清明前，好种棉；清明后，好种豆"，知道"亲戚有远近，邻居无厚薄"，"兄弟合力山成玉，父母同心土变金。"在代代相传的文化中,人们用文化应对社会和自然的挑战,娴熟而精致地处理家庭、健康和生活问题。文化成为汉民族繁衍发展的"百科全书"。一种经济和社会生活方式持续 5000 年,是中华民族文化所致,是这样一种文化所造就的能力所致。在现代知识社会到来的今天,文化仍然作为一种最强大的力量发生着决定性的作用。随着知识的经济价值的上升,其社会价值也随之上升,知识分子将成为社会最先进、最富有创造力的阶层,不仅在经济政治,更在文化领域都将成为主角。从群众行为的内在动机看,只有当优秀的道德行为能为人们带来物质与精神方面的利益时,精神文明才能真正实际地成为群体活动的动力,成为人们内在强烈的需要。因此,越是强调和提倡全心全意为人民服务,无私奉献,越是要形成这样一种风气,谁能够无私地为社会为他人奉献,谁就能够得到社会和他人更多的回报,更好的关照。反之,谁损人利己,侵害社会和他人的利益,谁就会受到社会的惩治和处罚。只有这样,才能建立起社会主义精神文明建设的良好运行机制。

发展是强国的硬道理

创新不仅仅是国力强弱的决定性因素,而且它本身就是国力最核心的要素。当今世界范围的竞争更多地表现为市场占有的竞争，市场开拓的本质就是创新能力的强弱与创新速度的快慢。一个民族最壮美的境界就是拥有众多创新素质卓越的成员，且成员的创新能力能够最大限度地发挥。任何一个国家的成功与失败取决于能否吸引和凝聚最富创新能力的成员。社会主义的优越性是通过创造最有利于创新的社会环境体现的。新中国成立初期，许多海外学子冒着种种风险踏上归途，当前海外学子放弃国外优厚的待遇毅然回到条件尚与国外有一定距离的祖国，一个非常重要的原因就是，中国共产党领导的社会主义现代化建设事业，为所有有志者提供了创新的环境。经过奋斗找到正确发展道路的社会主义中国，处于民族意志淬火、创新能力升华的千载难逢的历史新时期。创新、创业、创造，这是当前中国人最关心的主题。中华民族积蓄几千年的磅礴气势、人民忍辱负重一百多年的精神磨砺，终于在创新的旗帜下汇聚成强大的民族振兴的洪流。《人的思想》一书的作者詹姆士·艾伦说："一个人所能得到的，正是他自己思想的直接结果，有了奋发向上的思想之后，一个人才能兴起、征服，而能有所成就。如果他不能奋起他的思想，他就永远只能衰弱而愁苦。"优秀的思想影响人的一生，马克思曾经说过，人比蜜蜂不同的地方，就是人在建筑房屋之前早在思想中有了房屋的图样。也就是说，人的思想总是走在行动之前的。有什么样的思想，就会有什么样的行动，什么样的行动，体现什么样的思想。今年的 1 月 23 日，日本大阪举行否认"南京大屠杀"集会，当天在海南工作的青年汤逢雨自费在《中华工商时报》上登出了半版的广告，但广告内容只有一句话，"我们，以德报怨，有人，变本加厉，我抗议！"这样的抗议呼声，是全中国热血青年，也是全国人民的呼声。他的"位卑未敢忘忧国"的精神，令人肃然起敬。他的行为实际上就是他的爱国思想的具体表现。而有的青年的表现，思想上流露出来的东西却与时代要求极不相称。《我认识的鬼子兵》的作者方军在一所大学演讲时，会场竟有一位学生提问：对日本侵华战争，日本向中国谢罪怎么样？不谢罪怎么样？谢罪的话，我们能得到什么？这位提问者的言外之意，就是谢不谢罪都没关系。就在他的话还没有说完，就有一位大学生站出来回答："我们得到的是尊严！"这一回答掷地有声，慷慨激昂。日本人参拜靖国神社，修改教科书，高等法院判东史郎败诉。这些明目张胆地为军国主义扬幡招魂的行为，中国人绝不能视而不见，当代大学生更不能麻木。从汤逢雨身上与这位毫无国人尊严的提问者身上，表现出了两种截然相反的思想。一种是进步的，一种是落后的；一种是有骨气的，一种是"缺钙"的。一个没有清醒的政治头脑，对政治不闻不问的人，永远成不了合格的人才。在教育界经常听到这样的说法，培养出来的人如果身体不行是废品；业务不行的是次品；而政治不合格的就是危险品。这些话虽然不十分准确，但它说明政治思想素质对一个人来说是很重要的方面。列宁说过："爱国主义就是千百年巩固起来的对自己的祖国的一种最深厚的感情。"热爱祖国的感情，不是一般的感情。肖邦这位波兰的大音乐家，因祖国受沙俄统治者的蹂躏与侵略，他无法发展艺术才能，在师友们的极力劝说下，于 1830 年离开了自己的祖国，临行前他装了一瓶家乡的泥土。后来他几次打算回国，都因国内战乱未能成行。1849 年，他在巴黎一病不起，病房里一直放着家乡的泥土，生命垂危之际，他对妹妹说："我在人世不会太久了，在我去世后，波兰政府是不允许我的遗体运回华沙的。但我希望至少能把我的心脏带回祖国去。"贝多芬是资本主义上升时期欧洲资产阶级音乐艺术最杰出的代表。1809 年 10 月，维也纳沦陷后，趋炎附势的奥国贵族争向敌人献媚。一天，暂住在奥国贵族李希诺夫斯基家的贝多芬被朋友叫去，要求他给法国军官弹钢琴曲。贝多芬认为这样做有辱尊严，便关了房门，坚决不去。他的朋友李希诺夫斯基怕得罪法国人，让人强迫贝多芬演奏。贝多芬愤怒至极，便顺手拿起一只凳子向李希诺夫斯基砸去。当天晚上，贝多芬冒着倾盆大雨毅然离开了李希诺夫斯基的家。后来他在给李希诺夫斯基的信中写道："公爵，你所以成为公爵，只不过由于你偶然的出身。我所以成为贝多芬，却完全靠我自己。公爵在过去有的是，现在有的是，将来也有的是，而贝多芬却只有一个"。贝多芬、肖邦以爱国主义的美好心灵和那一系列不朽的乐章，在世人的心目中，耸立起一座永久的纪念碑。爱国是中华民族的优良传统，如"匈奴未灭，何以家为"的霍去病，投笔从戎的班超，精忠报国的岳飞，荡平倭寇的戚继光，收复台湾的郑成功等。如果连起码的爱国之心都没有，那就根本不可能称之为人才。热爱祖国的感情，是一种高尚的道德感情，一旦形成信念，就会产生巨大的热情，去为祖国的安宁、人民的幸福而战斗。

创新是发展的硬道理

要在未来激烈的国际竞争和复杂的国际斗争中取得主动，维护我国主权和安全，必须大力发展科技事业，大力增强科技实力，从而不断增强经济实力和国防实力。国防实力与经济实力和民族凝聚力是综合国力的三大要素。冷战结束后某些大国依仗其经济和军事实力推行霸权主义和强权政治的现实，要求我们必须深刻认识创新对于捍卫国家主权、维护国家统一、保卫国家领土神圣不可侵犯的极端重要性。历史的经验值得注意。20 世纪 50 年代中期，以毛泽东同志为核心的第一代党的领导集体深刻地洞察国际局势，在许多人认为条件远不具备的情况下决定自行研制原子弹、导弹和人造地球卫星，打破美国和苏联的核垄断。当时的中国经济极其困难，外有超级大国的封锁，内有"左"倾错误的干扰，但是，中国的科技工作者大胆创新，完全靠自己的力量和自己独创的技术路线，比美国、苏联等国家发展尖端军事技术投入少得多，质量高得多，速度快得多。应该说，新中国之所以能够迅速在世界上赢得地位，一个重要的原因就是我们"两弹一星"的成功。这个伟大的创新成果，标志着中国共产党不但善于领导创建农村革命根据地，领导农民走社会主义道路，不但善于领导工人阶级，领导遭受严重战争创伤的城市经济的恢复，而且善于领导知识含量高的科学研究、技术开发和大型科学与技术的高度集成，标志着中国科技人员具有无与伦比的创新智慧和创新能力。著名美籍华裔科学家杨振宁 1971 年访华，见到童年好友邓稼先，迫不及待地询问中国的原子弹氢弹是不是中国人独立研制的？当杨振宁得到邓稼先斩钉截铁的肯定回答时，这位诺贝尔奖获得者再也控制不住满眶的泪水，急忙走进洗手间，让自豪的泪水畅快地流淌。中国用自己的力量研制两弹一星，是怎样的石破天惊啊！"两弹一星"既是新中国伟大的创新成果，更是代表着政治家豪迈的创新精神和科技工作者杰出的创新才能。中国人民正是依靠这种精神，正是依靠这种才能，迅速地改变当年西方列强强加于我们的"一盘散沙"、"东亚病夫"的面貌。过去西方强国凭借几件现代兵器就可以对中国为所欲为的时代彻底地结束了，任何超级大国都再也不敢轻视中国，有多少大大小小的霸权主义在中国面前碰得头破血流。它们终于明白，只要关系到国家主权，"站起来"的中国随时可能"站出来"。社会主义新中国自立于世界民族之林，给予世界一份可靠的希望。

创 · 新 · 方 · 略 · 论

突破未必全是创新，但没有突破决无创新。

第五章　创新管理

一、管理创新的作用

管理创新主要是按照现代企业制度的要求，创造一种新的有效整合配置企业资源的形式，以达到实现企业目标和责任的全过程式管理。管理创新是一种动态性的活动，通过这一活动而形成的有效、科学的管理范式，已不仅仅是与技术、资本、劳动力一样相对独立的生产力要素，更是作为一种"知识的知识"驾驭于其他要素之上，起着重要的运筹作用。

管理创新的内涵

管理是人们在一定组织环境下所从事的一种智力活动，它随着人们共同劳动的出现而出现。管理作为企业的主导力量，有"第二生产力"之称。管理是生产力诸要素的黏合剂，是提高各种资源使用效率的基础性工作。管理是否得当，关系着企业的生死存亡。美国的邓恩和布兹特里斯信用分析公司对破产企业进行了大量调查，结果表明，在破产企业中，几乎90%是由于管理不善。系统的企业管理理论自20世纪初问世以来，经历了从理论到实践再到理论的过程，形成了科学管理、系统管理、决策管理、过程管理及以人为本等管理理论。伴随着新的科学技术发展，全世界已进入了一个管理创新阶段。管理创新是指管理者借助于系统的观点，利用新思维、新技术、新方法，创造一种新的更有效的资源整合范式，以促进企业管理系统综合效益的不断提高，达到以尽可能少的投入获得尽可能多的产出综合效益的目的，并且具有动态反馈机制的全过程管理。管理创新是全员性、全方位、全动态反馈、全过程、全效益。随着人类的进步，社会生产的不断发展，各种社会组织、经济组织应运而生，科学技术的进步使各种社会经济组织愈来愈多地采用先进的技术装备、计算机和信息系统，从而对管理提出了愈来愈高的要求，形成了不同时期的管理创新思想。"二战"后，世界经济迅速发展，到20世纪70年代后期，许多发达国家已从工业经济时代逐步跨入了经济信息化时代，提出管理创新来适应新时期信息化、网络化、全球化、一体化的格局变化。有人说，20世纪最伟大的发明不是汽车和飞机，也不是火箭和原子弹，而是管理科学。在一定意义上说，这话并不过分。阿波罗登月计划的成功作为 20 世纪最伟大的奇迹之一，不仅是人类在自然科学领域所取得的辉煌成就，而且充分显示了科学管理的巨大威力。今天，人类已进入一个充满创造的新时代，与此相适应也必然是一个管理创新的时代。尤其是企业的管理创新愈来愈受到各国企业界的高度重视。有人统计过我国 10 多年前的 20 多位优秀企业家，现在还能继续在企业中发挥作用的也只有几位了，说明不懂管理科学不行。朱镕基同志在一次会议中讲到国有企业多数领导人是不够格的。要问这些企业领导人对管理科学懂多少？对财务、资本运作、现代企业制度懂多少？确实知之不多，甚至有的只是皮毛。人大审查《会计法》修改时有人说企事业单位的一把手要对会计信息的真实性负责。竟然有这样一种论调，他说我不是学会计的，不懂财务，我怎么能负责？如果你不懂，你有资格当企业领导吗？当然，最后还是通过了，但有争论。专家们认为，管理科学的适用性与其产生和应用的环境有很大关系，因此对国外的管理理论和经验总结不能全盘接受，要根据中国国情研究出自己的管理理论。日本管理上的有些做法在美国就不适用。如上班时升社旗、唱社歌、商店经理带领员工在门口迎接顾客，而美国经理上班直接进办公室。又如日本经理进车间与员工谈话时除了关心工作之外，还关心员工的家庭；而美国人认为这是别人的私事不能问，除了工作上的事，顶多再谈谈橄榄球比赛之类的事情。日本管理中有个 Z 理论，在美国行不通。因而，美国管理学家根据美国的管理总结出《追求卓越》和《成功之路》等。这些来自本国企业管理创新实践的理论成果，都受到了企业界的欢迎。即使同一国家、同一行业的管理也不相同。以美国汽车行业为例，20 世纪中出现了福特汽车公司的流水生产线，将汽车制造过程分成 8772 个工序，大大提高了生产效率。20 世纪中又出现了通用汽车公司的斯隆管理模式，解决了大公司集权与分权的关系，在斯隆的墓志铭上写的是"这里安葬的是斯隆，他最大的本领是发现比他更能干的人"。20 世纪 70 年代又出现了克莱斯勒汽车公司的艾科卡，他挽救了濒临破产的克莱斯勒公司，被誉为企业界的"英雄"和"楷模"。这三个人都是 20 世纪的管理大师，但在管理方式上各不相同。有人认为，管理大师还应包括通用电气公司的韦尔奇，他被誉为"世界第一经理人"，其神奇之处在于使得通用电气这个巨人企业连续数年保持经营业绩高速增长，没有患上"大企业病"。我国加入 WTO 后，一方面，外国的企业要进来，中国的企业不能拒绝和回避，但也不能盲目跟着别人走；另一方面，中国的企业也要走出去，这就要懂得国际规则，学会适应，采取相应的对策，加快企业管理创新的步伐。

管理创新的重要作用

管理创新始终是实践中不断向前发展的管理科学的主题。管理科学本身是一部管理学说的创新说。创新型管理是现代企业的灵魂，主宰着现代企业的生命周期。著名的霍桑试验提出了人群关系学说，进而推动了行为科学理论的诞生。把人际行为和集体行为两个方面引导到一个协作系统中来研究，创立了协作社会系统学说。国际著名趋势专家阿尔夫·钱德尔在《经营未来》一书中全面透析了未来成功组织的经营理念和管理模式。他认为组织需要培养灵活多样的能力，削减规程，消除惯性。必须掌握不断革新的艺术手段，并把这种艺术手段扩展到组织的方方面面。美国人哈默和钱皮于 1994 年出版的《企业重组》引起广泛轰动，变革组织赖以运作的体系和程序已成为众多公司的共识与实践，平行的网络组织结构取代了金字塔式的组织结构，按自然跨部门的作业流程代替了原先生产、营销、人力资源、财务、管理信息部门的分工，这是由于信息技术已经与业务过程紧密相连。面对知识经济和越来越快的信息传递速度，企业所遇到的一个重大障碍就是沿用了 100 多年的那种按职能分工、条块分割、像铁路警察各管一段所形成的管理结构，使企业无法在短时间内对各种外来信息作出快速反应，各种要素的优势也就无法充分发挥出来，致使因缺乏应变能力和无法满足社会需要而失去商机。20 世纪 90 年代一些大的跨国公司就是因为企业的扩张，使组织结构越来越臃肿，管理程序越来越复杂，造成对信息反应不灵敏，决策迟缓而连年亏损的。《卡耐基成功之道全书》中曾讲过这样一个道理：如果你曾捆过货物，就会有这样的经验，往往捆过一次后还觉不妥，便又再绑一次，又怕不牢靠，试着将货物在地上滚动，结果绳子松了，货物散了满地。这就是"长绳缚物，效果反差"。如果货物由有专门技术的捆绑工来绑，所耗的绳子不长，时间也少，但轻而易举地就将货物捆绑得很结实，任你如何摔、如何滚，绳子依旧是扎扎实实绑在货物上。这是因为他们懂得捆绑要诀，所以能捆得相当结实。"长绳缚物，效果反差"的道理也可以用在管理上。如果没有选择地引进一大箩筐管理形式，不顾实际地制定一套又一套的所谓规则，其结果往往会影响效率、束缚效率。当今知识经济和信息化社会，如果还停留在由亚当·斯密所提倡的分工理论而形成的传统管理组织结构上，那无疑是没有出路的。准确把握未来发展是探索创新的重要前提。只有及时掌握时代发展前沿动态和最新成果，使创造性思维与时代发展同步，才能不断有新的突破。关于组织变革的另一项引人注目的创新是把组织办成学习型组织，提出建立共享知识和不断学习的文化，快速地改变和更新是善于学习组织的一大特点。西门子公司教育经费约占销售额的 1.5%；法国的企业，法律规定的教育培训经费占投资额的 1%—2%，在高技术产业部门实际上达到了 5%—6%。善于学习的组织不但能激励组织人员学习，而且还能把其所学转化为良好的市场效果。微软公司成功的秘诀之一是这样，英特尔公司也是这样。能够保持学习的热忱，经常将最新的管理理念率先导入自己的管理体系之内，由内部衍发自我变革，使公司保持旺盛的创新能力。也有人称之为知识管理。弗拉保罗说："知识管理就是运用集体的智慧提高企业的应变能力和创新能力。"企业创新型管理机制，不单是计划安排何人何时进行何项创新活动，最关键的是要提供条件，创造环境，激发热情，使创新像泉水一样喷涌出来，特别强调产生创新欲望和有创新习惯的要求。衡量创新成果对于持续不断的创新是必不可少的。

管理创新的类型和原则

创新的实现通常由专业管理人员、企业家来实现。管理有西方式管理、日本式管理、中国式管理等。那么，究竟哪一种管理最为有效呢？随着经济全球化的进展，有许多管理学家指出，领导 21 世纪管理潮流的将是中国式管理。那么，什么是中国式管理呢？中国式管理从根本上讲就是管理理念的人性化。我国最传统的管理就是人性化管理，台湾管理学界一位专家举了一个非常通俗的例子来说明中国式管理就是人性化的管理：饭店老板是怎样管理好厨师的？厨师的工作标准非常不好制定，有些方面甚至根本无法制定确切的标准，比如刀功和味道、色泽和火候，但往往就是这些不能制定标准的工作在实实在在地起着关键作用。我国传统的做法是老板和厨师拜把子。这就是最淳朴的人性，联络住了感情，就能充分调动管理对象发自内心的积极性，这种积极性的力量是非常巨大的。在这方面我国有很多非常成功的例子，曾使传统的民族工商业取得辉煌的业绩。从政治上讲，历代有许多政治家也是从联络感情、笼络人心入手最后成就大业的。人性化是一个科学的概念，是很客观的东西，是社会发展的最高追求。人性化的管理就是从满足人的最根本的需求出发，通过道德引导、理解、认同、尊重、关爱等极具人性化的因素充分调动人的激情与活力，使每个人的能力都得到最大化的体现，产生出巨大的企业推动力和社会推动力。同时，还要看清楚人性都是有弱点的，人是容易犯错误的，管理要针对人容易犯错误的特点，通过道德约束、制定科学合理的规章制度等方法对人加以必要的约束与管制，尽量限制人性弱点的暴露，减少错误的发生，提高整体工作效率。如果背离了人性化，我们所建立的法律体系和道德体系就很难起到弘扬真善美、遏制假恶丑的作用。每一个管理者的自身情况和面对的管理对象都不相同，所以做法也都不一样。人性化和实事求是紧密相连的，人性化包含着人情味儿，但人性化不等于人情化，更不等于无原则。它是一个积极的、极富正义感与爱心的、综合科学管理与现代管理精华的管理理念，是积极地满足人性的需要，通过人性化的管理与服务实现人们对各个层次物质的和精神的需求，把人类社会变得更加美好的管理方法。人性化的另一层意思是坚持原则不等于不通人情。铁面无私固然好，但管理者遇到的问题往往不是简单地用一个行或不行就能解决的。管理既是一门科学又是一门艺术，而且更大程度上是一门艺术，因为在同样的环境里去处理同一个问题，不同的人采取不同的情感和手法，就会产生各种不同的效果。管理者在坚持原则的同时，用富于理解、同情、关爱的思想去考虑问题、分析问题、解决问题，就可以收到既解决了问题又协调了关系、联络了感情的理想效果。相反，如果管理者忘记了自己所面对的是富有感情的人，而采取简单粗暴的方式去解决问题的话，就会伤害与之共事的人，难以取得好的效果，甚至会给以后的工作留下隐患。所以，要实现人性化的管理，首先管理者要具备较高的文化素养、良好的品德修养、丰富的管理知识、公认的人格魅力，要极富事业心、正义感和爱心。同时，要对管理对象有充分的了解，对消极的、丑恶的现象与行为有敏锐的洞察力，能够针对产生这些现象的人性的弱点及时地、有效地予以遏制和打击。末日管理，是企业经营者和所有员工面对市场和竞争，都要充满危机感，都要理解产品末日。既不能把宏观的不景气作为自己搞不好的理由，也不要陶醉在一度的"卓越"里。因为中国的企业往往习惯在计划经济的温土里生存，似乎对高速发展的市场经济也比较容易适应，而对稳步发展似乎感到很难。其实，市场是有限的，又是无限的，一个时期一种产品的市场是有限的，但一个企业的市场又是可以无限开拓的。"小天鹅"企业集团虽然发展了，但也照样充满危机感，今天的成功并不意味着明天的成功，企业最好的时候往往是最不好的开始。小天鹅是用这种辩证的"末日"理念形成了一种新的生产经营方式，形成良性循环。"末日管理"新理念及其动作方式，就是以建立全球性横向比较的信息体系为手段，以全员化、立体化、规范化的营销管理体系为支柱，以强有力的人才开发机制为保证，从追求卓越到追求完美。小天鹅员工的忧患意识和艰苦奋斗精神，正是"末日管理"理念的生动体现。管理创新活动是理性的也是感性的，管理实践是管理创新的唯一源泉。因此，作为管理实践主体的广大群众的参与是十分必要的。现代管理提倡以人为本的管理，一个企业活力的大小，经营成果的好坏，其重要一环就在于群众积极性和创造性的发挥。因为管理组织要求有相对的稳定性，而每一微小的变化，常常涉及组织中不同地位人们的根本利益问题。管理创新中人为的阻力常大于技术创新中人为的阻力，因此，要造成自下而上的群众性合理化建议与自上而下的行政指挥有机的结合，以减少人为阻力，保证管理创新方案的顺利执行。管理是一种动态活动，对每一个具体的管理对象没有一种唯一的完全有章可循的模式可以参考，那么欲达到既定的组织目标和责任，就需要一定的创造性。对管理创新更是如此。没有创造性，就无从谈起管理创新。管理创新是系统工程，对处于外部环境多变，内部因素众多，相互关系复杂的管理进行创新，没有系统的观点，不采用系统思考的方法是绝对行不通的。系统性是指管理创新的原则自成一个系统。当然，这些管理创新原则彼此之间不是孤立的，而是相互联系、相互影响和相互作用的。灵活地运用和把握这些原则，对于指导管理创新实践具有十分重要的意义。

二、管理的本质在于创新

世界经济发展的历史和国外管理理论的研究表明，当代经济发展取决于竞争优势，决定竞争优势的主导因素是人才和科技的管理优势，而决定人才科技管理优势的是创新，创新已成为现代管理的时代趋势。管理创新已成为世界性的潮流。

管理创新必须以人为本

西方企业已深刻认识到人才与人力资本的重要，认识到在信息社会中人力资本将取代金融资本成为战略资源。人是提高企业效率的首要源泉，尊重个人、发挥人的创造性是压倒一切的主题。我国苏南企业之所以发展迅速，其重要原因之一就是面向全国，甚至走出国门广招人才，迅速把"地方游击队"改编成"跨国集团军"。在苏南几乎每一个骨干企业背后都有几个稳定的技术依托单位，尊重知识、尊重人才蔚然成风。如扬州虹雨集团公司，当初是只有 1500 元资产的小厂，由于企业领导及决策层提出了"每一个产品背后都有一位教授，每一项管理工程背后都有一位专家”的管理方式，至今已发展成国家级企业集团。人力资本的重要性使得过去以财务管理为重心的管理体系转变为以人为本进行管理，这是管理的一个方面的创新。以人为本的管理思想认为，企业应该最大限度地发挥每个雇员的技能、才智和创造力。优秀企业获得成功的一项基本经验，就是把企业成员待如伙伴，待之以诚、关心爱护、尊重信任。而要做到在管理中对员工尊重信任，就必须实行合作式的劳资关系。欧洲一些国家采取利润分享制度，根据公司利润情况，阶段性地向雇员发奖金。利润分享使得雇员对雇主的关键决策多了一份责任，将雇员与企业的经济实力结合在一起。法国和德国是两个广泛采取利润分享制度的国家。在尊重雇员方面，日本的企业表现得更为出色。日本著名企业家松下幸之助说得好："当我看见员工们同心协力地朝着目标奋进时，不禁感动万分。"他提出并倡导社长"替员工端上一杯茶"的精神。当然，社长不一定亲自为下属倒茶，但是如果能诚恳地把尊重员工的心意和行动表达出来，就可以使员工感到振奋，从而提高工作的效率。以人为本的关键是职工参与管理。职工参与管理是实行企业生产服务过程的群众路线，实行企业决策过程的群众路线，允许职工对管理和决策提出建议和批评，给予职工适当的与工作相称的决策权。这样既有利于提高企业的管理质量，也有利于调动职工的工作热情。对企业创新产生深刻影响的是企业文化。成绩卓著的公司所具有的共同特征是建立了以创新为核心的企业文化。企业创始人个人具有非凡的想象力和干劲，成为创造性思想和富于创新精神的化身。如果只是自身具有创新精神而没有建立组织成员广泛共享的价值观体系，那么很可能他们死后其公司就变得墨守成规、胆小畏缩和被动防守。因此，具有远见和使命感的企业家总是把创新精神渗透到具体政策和做法中去，以形成强大的企业群体创新文化，从而使企业创新历久不衰。国际上一些成功的公司，提出了"不怕疯狂，就怕愚蠢"的企业文化精神。这里的疯狂就是高度的超前创新精神。现代企业创新文化的培育，必须把握创新精神的内涵。要敢冒风险。创新是对未来领域的探索，在这前后都有大量的不确定因素存在，极易导致创新风险，而疲乏的不愿冒风险的组织文化必然导致竞争力的丧失。成功企业的前进动力必然是自信和敢于冒风险不惧怕失败。创新的过程难免会失败，组织文化应允许失败。3M公司就专门建立了"容忍失败"制度。以现实的眼光看待成功与失败，重要的是从中学到东西并得以成长，这种成长使他们更有能力应付新的环境。创新者还要有坚忍不拔、百折不挠的毅力，正确对待失败。安于现状、知足常乐是传统保守的思想观念，不适应竞争日益加剧的现代社会。过去的成功并不能保证将来的成功，目标平庸会导致落后，追求卓越才会作出创新努力。要注重实效。创新是一种艰苦的，需要投入全身心的、笃志不移的工作。这种工作越是从实用性、实在的价值标准以及实际情况出发，取得成功的可能性就越大。把创新落实到实践中去，是检验创新活动的标准。现代经济已进入高速发展的时期，而经济发展主要依靠管理和技术这两个轮子。在国外，经济学家认为西方工业现代化是"三分靠技术，七分靠管理"。麦当劳快餐店创始人雷·克罗克，是美国社会最有影响的十大企业家之一。他不喜欢整天坐在办公室里，大部分工作时间都用在"走动管理上"，即到各公司、各部门走走、看看、听听、问问。麦当劳公司曾有一段时间面临严重亏损的危机，克罗克发现其中一个重要原因是公司各职能部门的经理有严重的官僚主义，习惯躺在舒适的椅背上指手画脚，把许多宝贵时间耗费在抽烟和闲聊上。于是克罗克想出一个"奇招"，将所有经理的椅子靠背锯掉。开始很多人骂克罗克是疯子，不久大家开始悟出了他的一番"苦心"。他们纷纷走出办公室，深入基层开展"走动管理"，及时了解情况，现场解决问题，终于使公司扭亏转盈。我国长期以来缺少创新文化的沃土，培育创新文化的任务尤为繁重。改革开放以来，已有一大批企业移植这种创新精神，结出了自己企业的创新之果。海尔人以追求卓越作为企业共同价值观，并贯彻于企业经营管理的方方面面，通过自我否定、自我超越、发展创新，形成独特的竞争优势。这些企业的成功说明管理创新大有可为。

管理创新符合知识经济的趋势

知识是人类创新的原动力，创新是知识经济的灵魂。在当今世界科技进步日新月异、市场竞争愈演愈烈的形势下，管理创新已成为中外企业家和广大经营管理者的执著追求。美国著名管理学家汤姆·彼得斯说："只有创新，才能超越"，他把"不断创新"作为管理的一项重要内容提了出来。管理是生产力不可缺少的要素之一，对生产起着组织作用，同时又对生产关系起着调整作用。当前我国企业正处在生产力大发展，生产关系大变革的环境中，面对变幻莫测的知识经济时代，管理的创新，必须适应思维创新、科技创新，必将随着改革、改组、改造而深化。管理创新既是当前改革的保证，更是知识经济时代的需要。近十年间，西方企业掀起了减少管理层次、裁减高中级管理人员的风暴。英国电讯公司管理层次由十二层减为六层，美国通用电气公司的管理层次由九层减少为四层。建立扁平化富有弹性反应敏捷的网络型组织结构，已成为一种新的趋势。提倡管理创新，不是一般意义上的管理，而是有针对性的。它是指根据市场经济环境下企业生产经营的客观规律和现代科学原理，紧密结合实际，对那些不适应生产力发展和生产关系变革、不适应市场经济要求、不适应思维创新科技创新的陈旧落后的管理，进行改革和改造，力争有大的突破，建立起一套新型的先进管理体系。管理是一门科学，不是单纯的对人对事的简单约束。一个男孩刚买了一条长裤，穿上一试，裤子长了一些。他请奶奶帮忙把裤子剪短一点，奶奶说，她的家务事太多。他找妈妈，妈妈说她已经与别人约好了去打牌。他又去找姐姐，可是姐姐有约会。男孩非常失望。晚上，奶奶忙完家务事，想起了孙子的裤子，就去把裤子剪短了一些；妈妈回来后心疼儿子，也把裤子剪短了一些；姐姐回来后也同样把裤子剪短了一些。管理的失误在于，要么都不管，要么都来管。这是美国国际商用机器公司的创办人托马斯讲述的一个故事。管理还包括诸多方面，其目的在于充分利用各种资源尤其是知识资源、科技资源，提高企业运行效率和经济效益，节省成本增强社会竞争力。那种缺乏系统的战略管理思想，将管理仅仅限于建立一些相应的制度，把管理当做一个静态的概念等，根本无法适应知识经济时代的要求。管理创新有着严格的科学内涵，要经过艰苦的科学实践才能产生。它不是对传统管理的一概否定，而是对我国行之有效的管理的继承和发展；不是机械照搬和盲目排外，而是学习借鉴国外先进管理经验的学创之举。近几年，国际 MBA 教育出现了一种新的趋势，就是将"技术管理"与"工商管理"相结合。如美国 MIT 管理学院和工学院共同创办了"技术与创新管理"专业，开设了管理创新和技术变革、技术创新管理、技术战略管理、研究管理、新兴技术评估、新型企业、技术项目管理、研究与开发过程、沟通与组织、动态战略规划、技术管理讨论等课程。为弥补专业技术人才和管理人才的不足，美国有的大学已开始培养"技术—MBA"，这是值得我们借鉴的好办法。没有管理创新，产业创新也就无从谈起。

管理创新推动了人类的发展

管理既然是一种整合资源的动态活动，就没有一种唯一的完全有章可循的模式可以参照。欲达到既定的组织目标，就需要有一定的创造性。人群组织就是在探索管理的科学性、创造性的过程中得到发展的。而管理理论及管理思想、管理方法的每一次创新和突破，则在更大规模上推动了人类社会的发展。改革开放以来，我国的管理学界主要是介绍国外的管理知识和理论体系，并未形成独具中国特色的管理理论体系。要融合中国古代直至当代一切优秀管理范例、管理方式，从中提炼出中国本土的管理精髓，这是中国管理的创新之源。中国是一个文明古国，其历史源远流长，其文化思想博大精深。古代劳动人民在丰富的社会生活中创造了许多管理方法，留下了许多管理的精辟见解，这对中国现代企业实行管理创新有着重要的启示。吸收古代管理思想精华的同时，也要融合西方发达国家的优秀管理思想及模式。无论是自由竞争时期残酷的"泰罗制"模式，还是后现代工业时期富有人性味的"高效率"管理模式。无论是私有制下个人扩张的资本积累方式，还是当代跨国公司的管理模式，都具有适应时代阶段性的特征。剔除其中残暴、唯利损人的反人性内容，吸收其中恰当的管理方式和手段的合理成分，应是我国企业管理融合的主流。因为它经历了人类经济活动的工业化、自动化、信息化这一漫长的历程，累积的经验与思想为在更高的目标上缩短其路程奠定了基础。融合并非目的，融合是为了创新。只有通过对中西方管理思想乃至人类文明中一切有益于建构中国特色企业管理的有效成分，进行最广泛的大胆吸收，才能最终创立起中国特色的管理理论体系。

走进管理的新境界

管理被视为一种生产要素,与土地、资本和劳动力一样受到人们的高度重视。人们甚至把管理置于诸生产要素之首,发挥其无法替代的强大力量和效能。现代管理是聚合技术力量、经济力量、精神力量和社会文化力量的一种创造性活动。管理具有资源开发、要素组合、市场开拓、决策导向等效能。其通过选择合理的体制模式、组织形式、经营方式、激励手段以及制定正确的战略和策略,把一切潜在的能量都释放出来,转变为现实的财富和效益。管理也是生产力,这一观点将改变人们对管理的认识,从而在实际的企业经营中,给管理一个新的定位,将人们引入一个管理的新境界。在过去一段时间内西方的一些管理方法,如岗位责任制,经理负责制,以及质量管理法、系统管理法、人本管理法,如走马灯似的轮番在中国企业管理的舞台上上演,然而却没有一个真正融进中国社会文化的背景,没有通过融合创造成为有中国特色的现代管理模式的构成部分。主要在于不能从社会和文化的更广阔的视野中去认识和看待管理,不懂得管理是文化的产儿。几年前,美国斯坦福大学心理学家詹巴斗进行了一项实验。他找了两辆一模一样的汽车,把其中的一辆摆在帕罗阿尔托的中产阶级社区,另一辆停在相对杂乱的布朗克斯街区。停在布朗克斯

的那一辆，他把车牌摘掉了，并且把顶棚打开，结果
这辆车一天之内就被人偷走了，而摆在帕罗阿尔托的
那一辆一个星期也无人问津。后来，詹巴斗用锤子把
那辆车的玻璃敲了个大洞，结果仅仅过了几个小时，
它就不见了。以这项实验为基础，政治学家威尔逊和
犯罪学家凯琳提出了一个"破窗理论"。这个理论认
为，如果有人打坏了一个建筑物的窗户玻璃，而这扇
窗户又得不到及时的维修，别人就可能受到某些暗示
性的纵容去打烂更多的窗户玻璃。久而久之，这些破
窗户就给人造成一种无序的感觉，结果在这种公众麻
木不仁的氛围中，犯罪就会滋生、蔓延。这个理论告
诉我们，对于影响深远的小过错，要"小题大做"
去处理，以防止"千里之堤，溃于蚁穴"。管理本质
不是人的管理和对人的管理。尽管社会经济生活的共
同规律使管理可有一般性通则，但管理具有民族性。
不同的民族历史文化背景，将导致形成不同的管理模
式。中国现代管理模式的建立，必须走使现代西方管
理文明与中国传统管理资源相融合的道路。管理源于
人们有组织地利用资源的需要，都深深根源于各时期
的经济事实之中。在西方导致现代科学管理产生的是
巨型公司的崛起，是现代企业制度的建立及市场经济
体制的完善，是专业管理阶层的形成，是对资源利用
合理化和增进工业效率的追求。在中国，工业化曙光

初露，经济体制的改革都还在进行之中，管理刚刚成为人们的一种需要。随着我国经济体制的改革，管理将置于越来越重要的地位。如何认识管理的本质，如何发挥管理功效，如何立足于中国现实国情和文化传统，真正建立起有中国特色的管理模式，将是中国经济生活的主题。

科技管理创新

科技管理是以出成果、出人才和产生经济效益、社会效益为目标。而影响管理效益的因素是多方面的，有观念方面的因素，有管理的组织结构和机制方面的因素，有环境方面的因素，也有管理方法方面的因素。其中管理观念，即以什么样的思想指导管理工作，尤为重要。随着科学技术的发展，人类的经济活动越来越依赖于知识的生产、获取、传播和应用，特别是人才，将是这种以知识为基础的经济形态最重要的资源依托和生产过程中的重要资本。管理的观念也在由重视对物的利用转向重视人的作用，以使管理系统适应环境的变化，充分发挥人才资源的作用。因此，管理创新就要不断以新的观念、新的措施和新的方法，使管理系统总体功能不断优化，保持一种获得最大效益的状态。同时也要创造条件，引导系统环境向有利于管理系统的方向发展。从我国目前的情况来看，管理创新的关键是观念的转变，就是要将管理的重点放在对人的能力的开发上，放在积极性的调动和创造性的激发上。管理人才和优秀的科研人员是社会的稀有资源，其作用具有不可交换性。必须改变劳动力价值的传统观念，在管理机制上，要使工作人员总能得到一个正确的、奋发向上的信号。意大利思想家贝弗里奇说："每一点滴的进展都是缓慢而艰巨的，一个人一次只能着手解决一项有限的目标。"因此，任何一个人都不能随心所欲，应当面对你所面对的和你所具有的现实。中世纪欧洲天花流行，死了千百万人，医生琴纳一直在想如何战胜天花，为群众解难。这个理想一直根植于他的心中。一天，他在牛奶场发现挤奶女工不生天花，这虽是一个很平常的事，但目标意识很明确的琴纳紧紧抓住了它，由此发现了用种牛痘可以预防天花的方法，从而挽救了成千上万人的生命。英国外科医生李斯特曾长期为手术后的感染问题发愁，一直在苦苦寻觅一种既不伤人又能杀死病菌的药物。在这种强烈的目标意识的驱使下，有一次他在马路上散步，看到一个清洁工人在清除阴沟，一股难闻的恶臭气味从沟中扑面而来，李斯特捂着鼻子赶紧躲开了。可是当他回头又经过这里时，发现清洁工人正在向阴沟里洒药水，浓烈的药味很刺鼻。他从清洁工人那里了解到了"石炭酸"具有杀菌消毒作用。

他经过反复试验，终于发明了石炭酸消毒法，使医院病菌感染的治愈率一下子上升到 95% 以上。人不仅要借助优越环境的正面作用力的推动而获得成功，也要能够借助恶劣环境的反作用力的推动而争取成功。科技管理创新最重要的是开发从事科技管理公务员的智力，调动他们的积极性和主动性。机关领导要设计好每位公务员的发展空间，使其管理的创新性有所展现，通过公务员的管理创新体现人生价值、社会认同和获得收益。管理创新活动往往会涉及某些人的利益或对传统做法的冲击，这样就会产生来自机关内部和外部对变革的逆反心理甚至是反对。因为创新并不意味着成功，这就需要开明领导的支持和鼓励。所以管理创新首先是观念上要创新。科技管理也要敢于解放思想，实事求是。管理创新是一种理念，是一种相对的概念。管理创新并不是共有的某种形式，而是科研项目管理过程中有利于项目进展所寻求的一种有效的管理组织方式。它不是固定的，是因不同项目而定的。科技管理人员的创造性管理可以有效地提高科研项目成功比例，可以用较少的人力、物力、财力完成较大的成果。科技工作总的指导思想是发展高科技，实现产业化。为了这个目标需要调动广大科技管理人员的积极性，充分发挥他们的聪明才智，实现创造性管理。管理出效益，科技管理创新需要执著于创新的人，敢于标新立异的人。科技人员的创造性、主动性、积极性的调动，最终要落实到科技人员积极性的政策研究上。政府在科技上如何进行有效的科学管理，对调动广大科技人员的积极性和创造性至关重要。在市场经济条件下，形成科技人员的创新、竞争、创业的社会氛围非常重要，要改变计划经济条件下传统的管理模式，通过创新，寻求适应市场经济有利于科技创新的竞争机制，有利于有创新精神的科技人员脱颖而出的机制。激励科研创新的关键在于科技管理者。科技管理者要从不同的角度来创造创新条件，在技术管理、组织形式、激励机制、评价体系等方面都要有创新。如果在其他地方没有创新，仅靠某一方面的创新将是没有效率的。

三、管理创新论

管理是一切社会活动不可缺少的要素，是事业发展永恒的主题。随着社会科技、文化、市场等经济环境的日新月异，管理创新正越来越受到人们的重视。作为一种创新行为，管理创新并不是凭空想象的东西，而是实践的结果。如同技术创新、制度创新一样也是一个与经济相结合并一体化发展的过程。而且，由于管理自身的性质，这一过程更具复杂性、动态性及风险性。

管理创新的特性

管理创新行为就是指对管理方法、手段、思想、体制等进行整体或细节创新的一系列活动，因而也是一个过程。作为一种创新行为，虽然其具体创新行为由于带上了管理创新主体的个性特征，而显得有点杂乱无章，但就创新的总体而言，它如同技术创新、制度创新一样必然具有一定的逻辑过程，依循一定的规律和程序。这种规律性就是其创新行为的特征，这种程序性则是其创新行为的过程模式，而且符合其共性又具有一定科学性的逻辑过程是在把握其创新行为的基本特征基础上提出的。不同的创新行为，其创新过程也必然不同，管理创新行为也必然受到管理特性的影响。管理作为一种系统协调、整合组织内各种资源以达到组织既定目标的社会实践活动，与一般的文化活动、科学技术活动和教育活动相比，有其自己的特性。管理的自然属性是生产力属性，体现了管理活动具有技术性，并使其成为现代生产力系统的重要构成要素；而其社会属性是生产关系属性，则体现了管理活动具有社会性，是生产关系的实现方式之一，表明了社会生产关系决定着管理性质，决定着管理体制的建立，管理方式手段的选择和运用等。正因为管理活动具有技术与社会性，使以围绕生产力的发展而进行的技术创新理论中包含了管理技术创新这一内容，使以主要围绕生产关系变革进行的制度创新理论中涉及了组织管理制度创新这一层次。管理创新的管理技术创新和管理制度创新必须是紧密联系在一起进行整体系统研究的。管理创新行为必然兼备了技术创新、制度创新两大行为的特点，但它又不是简单的相加，而是一种有机的融合。创造性是根植于动态性之中的。也正是由于这一特性，创新也就成了管理的职能形态。因此，对管理的各项活动进行创新的行为，也必然是一个动态的过程，是一个沿着创新目标方向持续向前的，并不断超越的动态过程，也不像制度创新具有时代性、阶段性。一种新制度比较成熟有效以后，都会有一个相对稳定的时期，管理创新行为具有持续性。

矩阵管理的应用

矩阵管理法，原来是加州理工学院天体物理学系茨维基教授发明的一种通过建立系统结构来解决问题的创新方法，后来被推广为激励创新的一种管理方法。在信息科学技术迅速发展，尤其是网络建立以后，矩阵的形态可以充分利用信息网络的功能，已成为第一创新方法。矩阵的英文原义是基体、母体、本，同时又是数学中的矩阵，这种数学方法使代数方法在解决问题的能力上产生了质与量的飞跃。现代计算方法的许多原理都建立在矩阵算法的基础上，这些原理也应用到现代科学的其他领域之中。所谓矩阵管理法就是为了某一工作目标，把同一领域内具备相当水平的创新元素组成一个纵横交错的矩阵，通过管理使元素及行列按上述数学规律变换，从而创造条件激励创新。管理的发展是随着生产力的发展而发展起来的，并随对管理组织结构和对人的认识中得到深化。管理出现初期，把人只作为一种普通生产要素，等同于机器、原材料，认为人只能接受命令进行劳动，忽视人和人之间的影响，管理组织形式多采用直线制，突出了直线命令的统一长官意志。科学管理阶段把对人的认识作为生产要素，突出了人的地位，把人视为一个"经济人"。认为资方采用物质手段来激励人，尽量使工作标准化，并挑选培养第一流的工人，最大限度地挖掘人的潜力。同时认为人和人之间应衷心合作，创造一种最佳方告完成定额，达到提高效率的目的，泰罗制是最明显的表现之一。现代管理阶段，乔治·埃尔顿·梅奥的霍桑试验，突破了第二阶段对人的认识的局限性，把对人的认识从"经济人"提高到了"社会人"这个高度。管理者通过提高人们满足度来激励士气，组织结构体现出职工的参与和更好沟通。日本管理专家占部都美"决策人"的观点，突出人的自主性和个性，注重人的高层次自我实现需求的满足。管理发展至今，传统农业经济、工业经济社会依靠普通生产要素获得财富的观念被淘汰，转向依靠知识的无限增值实现财富最大化。一切活动的主体是掌握知识、具有人力资本的人。21世纪管理最显著特征是管理呈现"人性化"。要注重人和人之间的平等和自觉沟通，上下级之间等级观念日益淡薄，权力的制约在平等的基础上重新构造。管理者决策相信自己的直觉，被管理者创造的自信心和自觉性显著增强。人和人之间密切协作，并形成一个知识互补的有机整体。岗位设置和工作环境适应人，使人的工作具有主动性，并激发出具有特色的创业精神。矩阵组织结构是为适应知识经济时代到来，管理组织采用的一种新的有效形式。传统的管理组织形式中，各部门形成起源于各自的职责分工。随着各自职责固定和细分化，使得每人固定在自己的岗位上，个人的能力得不到充分的发挥，部门之间条块分割，部门之间沟通少，遇到难以完成的目标，虽有某个部门牵头，但部门之间难以配合，"踢皮球"现象经常出现，主要管理者把主要精力放在了协调部门之间的关系上。矩阵管理组织形式克服了上述弊端，能使某项重要或特定任务圆满完成，各种资源得到充分利用，参加的人员得到充分锻炼，激发了大家的创新意识。矩阵是为了完成某项特定任务的暂时组合系统，当这一特定任务完成后，各元素重新回到原来职能部门或重新组合到其他任务项目中。工作实践中，组织一定的形式，形成层层联合、智力集约、资源共享，从而更好地发挥高层次人才的积极性，产出更大的成果，是一种有效的管理机制。现实中，有的单位组建了科技创新工作站，有效地保证了各创新元素的组合和个体能力的发挥。科技创新工作站就是将不同单位的科技人才有机地融合在一起，打破原有单位的界线，把所需的高层次的人才吸引过来，"不求为我所有，而求为我所用"，使顶尖人才始终处于工作状态，更有效地发挥人的聪明才智，盘活现有人才。这种体制上的创新，体现了与时俱进的时代要求，为推动科技进步注入了活力，从而形成了人才管理的有效机制，为科技人才施展才华搭创了新的舞台。同时，这也加快了人才培养和科技发展的步伐，为深化科技干部管理制度改革提供了新启迪，实现了强强联合，资源共享，智力集约的科研基地，使人的智力能够快速地流动。矩阵中的元素可以是大学、科研所、企业、课题组、职能小组，也可以是一个人。元素的选择不按行政级别，而是依据任务项目目标对它的需要与否，依据它对这个任务的创新贡献能力。职能直线组织对新形成的任务直线组织来说，仅是支持关系，即借用各职能直线组织的资源。这种组织结构形式是要把一个组织系统，通过元素加强各部门之间的联系，形成一个关系网。建立这种关系的目的是为了完成特定任务，而不是直线和参谋性质的工作关系。矩阵组织的不稳定性，需要高知识的人才能适应任务的变化。矩阵组织增强了工作的竞争性，也增强了工作效率。在知识经济时代，一切都以知识为基础，所有财富的核心都是知识，所有经济行为都依赖于知识的存在。在所有创造财富的要素中，知识是最基本要素，其他的生产要素都必须靠知识来更新，靠知识来装备。采用矩阵管理可使每个人尽最大可能参与到预期活动中，通过参与来实现自我价值，把蕴藏在每个人中的巨大活力激发出来。矩阵管理就是要发现、支持、组合、聚合和更换创新结点，激励创新能力。目前，结点创新已成为矩阵管理法的核心和灵魂。需要强调的是，在我国经济发展中，不仅要把科学的管理思想和方式作为知识智力资源，而且把它作为"第一要素"，要重视管理的创新，这是我国经济在内涵上推进的关键。

亨利·法约尔管理原则

亨利·法约尔，法国人，是西方古典管理理论在法国的代表。他根据自己的管理经验，得出了14条管理原则。在当时的条件下，它既新鲜又有启发性，所以西方管理学家认为这是管理思想发展史上的一个里程碑。法约尔的管理理论以整体的大企业为研究对象。他认为有关管理的理论和做法，不仅适用于公私企业，也适用于军、政机关和宗教组织，所以后人把它称之为一般管理理论。法约尔认为管理是有原则的，原则是灯塔，能使人辨明方向，没有原则，人们就会处于黑暗和混乱之中。他指出，在管理方面没有什么死板和绝对的东西，问题是懂得灵活地运用它。第一，劳动分工原则。劳动分工不只限于技术工作，而且也适用于管理工作，适用于职能的专业化和权限的划分。劳动分工的目的是用同样的努力生产更多更好的产品。工人总是重复做同一个部件，领导人经常处理雷同的事务，所以劳动分工能提高自己工作的熟练程度从而提高效率。第二，权力与责任原则。权力指的是指挥和要求别人服从的权利和力量，有正式权力和个人权力的区别。正式权力是由于管理人员的职务或地位而产生的，个人权力则是由管理人员的智慧、经验、道德、品质、领导能力、以往的功绩等所构成。一个好的管理人员以他个人的权力来补充他的正式权力。权力和责任是互为因果的，有权力就必定有责任，凡有权力行使的地方就有责任。第三，纪律原则。纪律实质上是企业同雇员之间关于规则协定的表示。协定的内容包括服从、勤勉、积极、规矩和尊重等。为使企业顺利发展，纪律是绝对必要的，没有纪律，任何一个企业都不能兴旺发达。无论哪个社会组织，它的纪律状况都主要取决于领导者的道德状况，纪律松弛必然是领导不善的结果。纪律是以尊重为基础，而不是以恐惧为基础。第四，统一指挥原则。无论对哪一件工作来说，一个下属只应该接受一个领导者的命令。这就是统一指挥的原则。第五，统一领导原则。这意味着对于目标相同的一组活动，只能有一个领导和一项计划。统一领导是统一行动协调力量和集中努力的必要条件。人类社会和动物界一样，一个身体有两个脑袋，就是一个怪物，就难以生存。统一领导和统一指挥有区别。第六，个别利益服从整体利益原则。利益是一个重要问题，企业与个人、国家与公民都有各自不同的利益，应该是企业利益高于部门和个人利益，国家利益高于一个公民或某些公民的利益，个人或小集团利益服从组织整体利益。第七，人员报酬原则。人员的报酬是其服务的价格，提供多少服务，给多少报酬，应该合理，尽量使雇主与雇员都满意。怎样达到合理、选择什么样的付酬方式是一个重要的问题，因为付酬方式的好坏，可以对企业的发展产生重大影响。第八，集中原则。集中是一种必然规律的现象，它在每个动物机体或社会组织中，先由感觉集中于大脑或领导部门，从大脑或领导部门发出命令，使组织的各部分运动。所以，集中是感觉与反应之间的一个环节，是一种必然规律的现象，是始终存在的。第九，等级系列原则。等级系列就是从企业的最高领导到最基层的上下级关系，它显示出权力执行的路线和信息传送的渠道。没有等级系列，就会出现上令不能下达、权责不明的混乱状态。等级系列能够保证统一指挥，但并不能保证是最迅速的渠道。第十，秩序系列原则。每件东西和每个人都有一个位置，每件东西和每个人都在恰当的位置上，这就是秩序。建立秩序的目的是为了避免物资和时间的损失。完善的秩序，或者说最理想的秩序，应当强调合适的人在合适的位置上。如果达不到这点，秩序仅仅是表面的，表面的秩序可能掩盖着实际的混乱。第十一，公平原则。公平是由善意和公道产生的，它为处理企业同雇员之间的关系，提供了一条原则。企业领导应当发挥自己最大的能力，使公平感深入各级人员。第十二，人员稳定原则。指有秩序地安排人员并补充人力资源。一个人要适应他的新职位并很好地完成他的工作，就需要时间。假如他的这种启蒙阶段刚结束，或者还没有结束，就调换地方了，他就没有时间来提供很好的服务，所以需要稳定。但是，人员的稳定是相对的，人员的变动是不可避免的。这就需要有秩序地安排人员和补充人力资源。第十三，首创原则。想出一个计划并且保证计划的实现，就是首创精神。这种精神对于一个聪明人来说是最大的快乐之一。对于企业来说，是一股巨大的力量，尤其是困难时刻。第十四，团结原则。要努力在企业内部建立起和谐和团结的气氛。团结就是力量。企业的领导人员必须好好地想想这句话。使敌人分裂以削弱敌人的力量是聪明的，但是使自己的队伍分裂是对企业的严重犯罪，因为它对企业非常有害。

四、创新重在体制

在所有的创新活动中，体制创新似乎更带有根本性。中国发展结构的不平衡，尽管表现形式多种多样，但归根到底还是体制创新方面的不平衡。加快体制创新的步伐是必须引起高度的重视的战略性课题，同时体制创新也是唯一的出路。

体制创新的目的

任何一种体制都不是悬在空中无所依托的，通常是由三个要素组成：理念原则、结构关系、组织系统。理念原则指体制确立的根据及人们应当接受的理由，用以说明体制的目的和价值所在。结构关系指为了确保体制的理念原则的实现而对该领域人们之间的角色关系、权利义务关系等内容的具体规定。组织系统是体制的载体，也是体制的结构关系在具体操作领域的外化。对一种体制来说，三种因素缺一不可，任何一方的变动都会牵涉其他因素的变动并进而导致体制性变迁。另外，体制外因素的变动也会导致体制自身的变动，尤其是在社会转型时期，体制外因素的变化对体制自身变化的推动更为显著。政府体制亦不例外，对政府来讲，它行使的是公共行政权力，管理的是社会公共事务，承担的是公共行政责任，谋取的是全社会的公共利益，至于它如何达到这些目标，便是体制所要解决的问题了。体制从一开始就是特定时代和特定观念的产物。以前总认为公共利益的实现有赖于集中的力量来作为代表，而这个力量只能是国家和政府。在这种观念的指导下，政府体制成为一种把分散的社会性力量集中到国家手中，试图由政府对所有的社会资源进行统一安排，从而使社会力量体现为国家力量、政府力量的一种制度性安排。这种体制自然而然地也就具有了国家与社会合一，政府与企业合一，政府行为与经济行为合一等特性。毫不奇怪的是，这样一种制度性安排既然是在特定的历史阶段做出的，自然会在特定的条件下发挥无可比拟的作用，可是这些作用的发挥是以牺牲一方为代价的，当特定的历史条件发生变化之后，人们对原来的收益代价关系便要重新审视，这就意味着旧体制赖以存在的根基发生了动摇，体制转换的时机快要到了。

体制创新是改革开放的必然

创新是一个综合的政治经济文化概念。体制创新是科技创新的基础，没有制度的不断创新就没有科技创新所需要的激励机制，也就没有活跃的科技创新思维及活动，也就实现不了制度创新的目标，这是经济文化高速发展的链环。要不断地发掘深厚的历史积淀，永不停歇探索与创新。中国行政体制改革，对经济社会的发展，同样起到了巨大的推动作用。行政体制改革不仅与经济体制改革、政治体制改革息息相关，互为因果，而且从整体上呈现出体制创新的历史轨迹。中国的行政体制改革，严格讲并不是直接从体制本身切入的，而是从政策调整开始的。党的十一届三中全会后，对外开放、对内搞活政策的确立，以经济建设为中心的一系列新政策，在贯彻实施中缺乏新体制的支持，不得不借助传统计划经济体制的模式。于是就出现了这样的现象，一方面新政策的市场导向性，客观要求管理体制有更多的灵活性和自主性。另一方面旧体制以其传统的管理功能和管理手段，组织对新政策的实施，表现在政府的组织形式和管理行为方面，就是大量增设机构，继续集中权力。据统计，从 1977 年至 1981 年的四年间，国务院的机构迅速增加到 100 个，其中绝大多数是管理经济的部门。然而，靠强化计划管理体制实施新政策所能达到的效果毕竟是有限的。当新政策的巨大能量释放到一定程度，并与传统的政治体制发生冲突时，体制改革的任务就历史地被提上议事日程。1977 年邓小平就指出：现在一提要解决什么问题，就要增加机构，增加人，这不行。他又指出：目前党和国家领导制度中存在的机构臃肿、人浮于事、办事拖拉、不讲效率、不负责任等现象，说到底是同我们长期实行的中央高度集权的管理体制有密切关系。我们各级领导机关，都管了很多不该管、管不好、管不了的事。为了克服旧体制的障碍，从 1982 年起，我国进行了大规模的机构改革。主要是减少政府组织机构的数量和干部队伍的年轻化，开始建立正常的干部离退休制度，打破了领导干部职务终身制，使一大批年轻干部走上了领导岗位。这对整个干部队伍的"四化"，有着重要的意义。但总的看，主要停留在组织结构调整的层面，行政体制中的许多深层次问题，没有也不可能在当时的条件下得到解决。20 世纪 80 年代中期，当中国的经济体制改革遇到了传统政治体制的种种障碍难以深入时，邓小平率先提出了推进政治体制改革的一系列主张，并把实行党政分开，下放权力，发扬社会主义民主，健全社会主义法制等作为政治体制改革的主要内容。他指出，政治体制改革同经济体制改革应该相互依赖，相互结合。只搞经济体制改革，不搞政治体制改革，经济体制改革也搞不通，因为首先遇到人的障碍。但在当时，人们对政治体制改革与行政体制改革之间的关系，还没来得及进行深入的思考。党的十四大把推行行政管理体制改革作为政治体制改革的重要组成部分首次提了出来，并在实践中不断向前推进。事实证明，行政体制改革本身，不仅涉及权力关系、权力格局的重新配置，利益关系、利益格局的重新调整，而且常常是与每个公职人员的切身利益紧密相关的。这就使行政体制改革不可避免地会遇到种种阻力。而要克服这些阻力，把行政体制改革推向深入，没有政治体制改革的配合，是很难取得实质性成效的。

加快体制改革的进程

要改变旧体制，进行体制创新，要明确旧体制与新环境到底怎样不适应。传统体制的特征是权力高度集中，管理手段单一，政府"无所不能"等。按照系统论的观点，这种体制是典型的简单系统，它的各要素之间存在着轮廓清晰的因果关系，它的有序化结构是平衡状态下的有序结构，内部关系是线性的。按照耗散结构理论的创始人普里高津的观点，今天的世界正发生着由"简单性"向"复杂性"的转变，系统各要素间的线性关系正让位于非线性关系，平衡状态下的有序结构让位于动态的、远离平衡状态的耗散结构。更主要的是这种转变的实质是从实体到关系的转变，影响事物发展变化的不是组成要素而是要素间的关系。旧体制在新的条件下生存下去，就必须按照复杂性系统的要求，实行要素关系的重组，建立全新的体制。在进行体制创新时，要有理念原则的创新，明确在新的历史条件下政府的价值与职责所在。在改革过程中，政府必须舍得放弃本不应属于自己的权力，还权于市场，还权于社会，这样才能真正使用好自己的管理权力，谋取全社会公共利益的最大化。传统计划体制下政府事无巨细的管理方式使企业几乎丧失了自主经营的权利，在向市场经济转轨中，由于政府改革相对滞后，这种管理方式依然通过大量行政审批制度在实际生活中发挥作用。深圳市政府在清理行政审批的调研中发现，一个三星级宾馆竟然需要办理160个各种"证件"，宾馆一年为此要支付21万元"审批"费用，并且专门安排两个员工负责此项"业务"。深圳是以"小政府、大社会"模式发展起来的新型特区城市，情况尚且如此，全国整体上的情况无疑会更严重。这不仅给企业的正常经营增加了大量负担，而且严重制约了企业的创新能力。政府管理创新，必须在削减行政审批方面推出更大力度的改革，该取消的一律取消，对确实需要审批的应简化程序，公开透明。其核心在于实现政府从微观经济活动中退出来，把由市场、中介组织发挥作用的事交给市场和中介组织，充分发挥市场机制的作用。过去深圳市政府办公厅是一个权力很大的部门，有着许多重大事项的审批权，经过多次改革后，这些审批事项都被撤销，现在的市政府办公厅已成为一个单纯的服务、协调部门。深圳的中介服务业十分发达，其中一个重要原因也在于政府职能转变，使政府、中介组织和市场在各自的领域较好地发挥各自的积极作用。这不仅可以使政府集中精力搞好政府应该做的事，更重要的是使市场在资源配置上发挥了基础性的作用，提高了整个社会资源配置的效率，从而大大激发了经济的活力，解放了生产力。要有结构关系的创新，这是体制创新的核心所在。结构问题的实质是上下左右的关系问题。结构创新就是要打通那些层级和间隔，打破原有的权力格局，实现由注重分工到注重整体，由微观向宏观管理，由单一的行政手段向多种多样的管理手段的过渡。从横向关系来看，要尽量把相关或类似的工作合并，由专门的组织负责。各组织应具有相对的独立性，相应的人、财、物权不能分离，要成为一个能独立完成某项任务的功能单元。从纵向关系来看，要尽量减少不必要的中间层次，缩短信息流程，同时要尽可能地弱化上下级之间的隶属关系，使每一层次成为拥有相对独立权力的决策单元，这样有助于调动各层级人员的积极性，培养其负责精神。新的结构关系的确立也意味着组织系统的创新。在衡量一个国家政治发展的状况时，主要应当看其权力的合理性、结构分化以及公民政治参与的程度等，其最终的成果应体现在政治民主化的提高和社会政治的稳定。同样，衡量经济发展和社会发展的状况，主要是看经济增长率、经济发展的质量以及科技教育水平、社会成员的生活状况和整个社会发育的程度、社会自我管理的能力等。提高一个国家的综合竞争能力，除了经济和社会的竞争能力之外，政治层面的竞争同样至关重要。因为任何一个国家综合竞争能力的提高，不可能离开政治层面的制度安排及其合理性，更离不开政治、经济、社会之间的相互协调的平衡发展。体制创新是结构性的而非要素性的，是整体性的而非单项突破式的，是复杂的而非简单的。只有在理论原则、结构关系、组织系统三者同时实现创新的基础上，体制创新才有可能成功。

责任，是一个人变得伟大的源头。

第六章　创新机制

一、国家创新体系思想

随着各国创新活动的不断深入，人们逐渐把创新研究的重点从对单个创新主体创新过程的研究，转向对各创新主体相互作用整体效果的研究，从而产生了国家创新体系的概念。正确理解国家创新体系的思想，合理定位其功能和目标是准确把握国家创新体系思想的关键环节，是推动国家创新体系建设的重要前提。

国家创新体系的概念与内涵

到目前为止，国家创新体系的概念也并没有统一下来，各派都有各派的观点。在国际上比较通用的定义是：国家创新体系是由一个国家的公有部门和私有部门组成的组织和制度，其活动是为了创造、扩散和使用新的知识和技术。从这个定义出发，国家创新体系首先是一组制度的集合和一种组织网络，它的功能是为了实现知识和技术的产生、扩散（流通）与应用。国家创新体系这个概念，是美国经济学家理查德·R. 纳尔逊和英国经济学家克里斯托弗·弗里曼在 1987 年首先提出的。他们在《技术进步和经济理论》中明确提出，现代国家的创新体系在制度上相当复杂，既包括各种制度因素，也包括致力于公共技术知识的大学，以及政府的基金和规划之类的机构，其中的以赢利为目的的私营厂商是它的核心，它们相互竞争也彼此合作。从其架构来说，企业是创新体系的主体；科研机构和大学是重要的技术创新源和知识库；教育和培训是知识生产应用和传播的重要环节。其主要功能是提供人才和提高人的素质；中介机构是沟通知识流动的重要环节；政府部门的作用对创新有重要影响。他们还分别就日本和美国的国家创新体系进行了深入的描述和分析。他们的研究都着重从制度设计的角度考察国家创新体系的结构和性质，因而并没有论述为什么会存在各种国家创新体系的原因。丹麦学者伦德瓦尔的研究，则从国家创新体系中用户与生产者相互作用的角度分析了这个问题。他通过考察创新过程中各主体间相互作用的过程，给出了建立国家创新体系模型的初步设想。1997 年，国家创新体系报告中对国家创新体系作了进一步分析，"创新是同主体和机构间复杂的相互作用的结果，这一系统的核心是企业，是企业组织生产和创新、获取外部知识的方式。这种外部知识的主要来源是别的企业、公共或私有的研究部门、大学和中介部门"。由此可见，分析国家创新体系各要素在知识和技术的生产、扩散及应用过程中的相互作用及效果，对于考察整个国家创新体系的运行是非常必要的。由于科学技术对于经济发展的作用越来越大，技术创新问题越来越成为国际社会研究的一个热点。我国在 20 世纪 80 年代后期开始较系统地研究创新问题。1995 年全国科学技术大会上，江泽民同志高瞻远瞩地提出"创新是民族进步的灵魂，是国家兴旺发达的不竭动力"。把创新问题提到了新的战略高度。国家创新体系的概念是在创新研究的基础上提出的，对国家创新体系的研究标志着创新研究发展到了一个新的阶段。他把一般性的微观创新活动，上升到国家的宏观层次，把一个国家内的各种创新活动看做是一个系统和一个整体。在当今世界上，国家这一人类社会的政治经济组织形式发挥着极为重要的作用。虽然近年世界经济发展的一体化趋势不断增强，但在一国范围内，特定的制度文化背景，不同的经济技术发展阶段等都会对创新行为主体及其相互间关系产生重要影响。因此，在有关国家创新体系的研究中，制度因素、创新主体在技术创新中的相互关系就成为其最重要的内容。当今世界各国经济发展的经验表明，国家竞争力的高低，根本地取决于一国的技术创新能力、制度创新能力以及二者的有机结合的程度。一方面，促进技术创新、制度创新及其有机结合是国家创新体系目标的最重要而且是最直接的实现途径。另一方面，作为国家创新体系主体内容的技术创新、制度创新，又是在现有的国家创新体系中来进行的，它们的绩效又受制于现有的国家创新体系。因此，在推进国家创新体系建设的整个过程中，必须始终把促进技术创新、制度创新以及实现二者的有机结合作为关键环节。

国家创新体系的本质

国家创新体系是一个知识创新与技术创新紧密结合的体系。知识创新强调基础性的科学研究，是知识创新不可或缺的基础。技术创新则侧重应用型的产业研究，强调知识向产品和市场的转化，为知识创新提供了发展思路和方向，同时也补充了知识创新过程中所缺少的知识。国家创新体系是一个市场行为和政府行为共同作用的体系。创新活动是立足于市场中的。大多数市场都是有组织的市场，一种由组织因素与市场因素结合起来的杂交形式控制着市场中的创新活

动。但是，市场的力量毕竟是有限的，由于技术进步
作为一个渐进的过程，具有内在的浪费性，市场中各
创新主体的创新行为也大多是立足于自身发展需要进
行的，具有盲目性和重复性，所以仅靠市场力量进行
调节，不可避免地会造成创新资源配置的低效，进而
造成研究与发展的低效。因此，政府行为在创新体系
中的作用就受到了重视。政府行为在国家创新体系中
的作用是引导创新活动的方向，激励创新主体积极参
与创新，保护创新成果，协调各创新主体间的矛盾。
不同的国家的创新体系中，政府参与创新的形式并不
相同，因而在创新中发挥的作用也不同。市场力量与
政府力量在国家创新体系中的作用始终是相辅相成、
互为补充、缺一不可的。所以说，国家创新体系的有
效运行，离不开市场行为与政府行为的共同作用。创
新活动往往带有私有性，创新者率先的创新行为会使
其有对创新成果的暂时垄断，从而带来创新收益，这
形成了创新的报酬和动力。正是基于这种吸引，创新
主体的创新行为从一开始就带有私有化的倾向，这在
一定程度上不利于知识、技术的扩散和传播。创新的
公有性一方面是率先创新者的垄断地位并非广泛而持
久的，它会因竞争和由此而来的大量模仿者而逐渐减
弱，直至走向公有化。创新行为本身就暗含着技术共
享与合作研究的要求，那些与基础科学相关的技术创

新更是如此。于是各创新主体逐渐走向合作与共同研究的道路，创新开始从私有变为公有。创新过程中私有化过程与公有化过程能够同时进行的根本原因在于，创新的私有性与公有性并不是完全矛盾和对立的，二者有一个协同域，在这个协同域内，创新的私有化与公有化要求都得到一定程度的满足。国家创新体系的优点在于保留了创新利润动机的同时，通过研究机构、大学的作用以及政府的扶持，避免了创新结果私有化所带来的技术创造和应用方面的浪费。作为一个系统，国家创新体系是研究一国技术变革与经济增长关系的系统观或整体观，它包括在生产系统、社会和经济机构中创新和其扩散的过程。它是以系统的方法给创新和经济运作提供了新视角。国家创新体系与系统思想方法间有着内在的联系，是对系统论思想观点的自觉或不自觉的应用。国家创新体系的概念本质上是起源于对线性方法模式的否定。根据系统非线性关系的方法论原则，实证性研究国家创新体系的重点在于整个创新体系内行为主体间的互相联系和作用，具体表现为知识和信息在不同要素和环节间的流动。它既是对系统各要素间具有非线性相互关系的普遍性和重要性的反映，也是对非线性系统方法论的应用。国家创新体系强调构建创新体系内各种机构各种角色之间的相互联系和合作关系结构对于实现创新能力和水平的提高这一系统功能的突出重要性。这是政府推进国家创新体系建设、提高创新能力和水平的政策基础和根本理论依据。

国家创新体系的功能与效率

建设国家创新体系是国民经济发展的需要，是一国为了获得国际竞争优势的体制要求，同时也是当今世界经济发展，全球化竞争对各国宏观经济调控体系及相关管理体制提出的新的挑战。站在这样一个高度，将有助于人们明晰国家创新体系的功能。国家创新体系的主要功能是优化创新资源配置，协调国家的创新活动，其中包含了人们所关注的促进科技与经济有机结合的问题。在世界经济全球化进程加快，国际合作不断扩大，国际经济技术竞争日趋激烈，科学技术在经济和社会发展中的作用越来越大的新形势下，一个国家的创新能力日益成为一个国家经济的国际竞争力、综合国力和可持续发展能力的决定性因素和直接源泉。1948年建国的以色列，目前人口仅650万，大约与香港相当。用以色列工业贸易部官员韦斯纳的话来说，"除了在海里的泥巴，严格说来以色列没有天然资源"。但如今以色列却成为世界知识经济的新霸主之一，在半导体、软件、生物科技方面，无一不取得世界领先地位。以色列在美国纳斯达克上市的公司数目达到 79 家，紧追美国、加拿大，排名第三；而近三年完成的投资项目的数目，在全世界仅次于美国硅谷，排名第二。"9·11 事件"后，全球股市狂跌，原定要在纳斯达克上市的公司纷纷撤退，10 月 4 日纳斯达克初次市场恢复，当天第一家去挂牌的就是来自以色列的研发小肠检视芯片的生物技术公司。以色列能高速打造国家竞争力，一个极其重要的原因，就是在高度生存压力下，找到了以科技创新为支撑的强国之路。1991 年，以色列政府推出国内第一个创投基金，由国家出钱，支持有创业计划的小组成立公司。同年，政府又推出第一个科技创业中心，协助有点子但缺乏实力的创业家，把心中的点子变成大生意。十年来，以色列官办的创业中心，已从一家增为 24 家，创投公司超过 100 家。当科技产业聚落成型，以色列的经济结构也跟着调整，顺利实现了转型，从农业小国变成科技大国。以色列的这一国家策略，是全球任何一个国家都可以从中得到启发和借鉴的。为什么一些拥有创新资源较多的国家，经过了一个时期，许多重要产业却落后了。而有的创新资源较少的国家，经过了一个时期，许多重要产业却走到了前面。主要原因是创新资源配置的合理性和应用效率如何及一个国家创新系统的整体效应问题。从一个国家来看，创新的整体绩效，应该高于各个企业和研究机构、大学和中介机构各创新执行主体创新绩效的简单叠加。这里既有各执行主体之间的互动效应，又有国家创新系统的整合作用。国家创新系统的功能是依据国家目标、总体战略和重点任务，优化配置创新资源。理顺创新执行主体的系统结构，建立起良好的运行机制，增强其活力和良性互动作用，以及不断完善创新政策体系，提高创新资源的利用效率，是个非常关键的问题。概括地说，国家创新系统的基本功能是创新资源的优化配置和高效应用。

国家创新体系建设的环节与要素

国家创新体系的建设是一项涉及经济、社会、科技等多方面的系统工程。企业作为社会经济的细胞，是国家创新体系中最基本的要素，也是最重要的要素。企业能否成为技术创新的主体，是技术创新工作成败的关键。企业是科技与经济的结合部，是经济质量和市场竞争力的体现。要实现经济结构优化和产业结构调整必须切实加强企业在技术创新中的地位，促使企业把加快技术进步放在企业发展的突出位置，并尽快成为技术创新的主体。企业要成为技术创新的主体，首先必须成为创新投入的主体，必须解决好创新的活力与动力问题。主要是在机制和政策上调动企业技术创新的积极性，逐步增强企业技术创新的能力。

因此，企业的创新意识和创新能力决定了它在国家创新体系中发挥作用的程度。研究机构从形式上可以分成两种：一种是独立的研究机构，这种研究机构也可称为公共的研究机构。它是由国家提供主要资金来源，其研究领域多为基础研究和对国民经济、社会发展、国家安全、国家综合实力具有广泛影响的技术开发。另一种是从属的研究机构，它们或者从属于企业，或者从属于大学。研究机构的主要职能是进行知识创新、知识传播和知识转移。大学被公认是科学技术知识的公共存储器，它们在教学中传播、提取知识，又通过学术研究扩展知识的存储。学术研究有着与产业研究不同的范围和目的，前者致力于探求新的知识和新的规律，后者却更多地是为了满足市场和企业的需要。但两者并非是完全脱离的，在许多领域，学术研究和产业研究都有着很强的相关性。大学在国家创新体系中的主要功能是传播知识、技术和培养人才。政府是国家创新体系中一个十分关键的要素，它与其他要素不同的地方在于，它不仅是创新过程的主要参与者，更是创新活动的重要推动者。

二、促进民族发展的国家创新体系

当代科学技术和知识经济的兴起，使世界经济与科技竞争的形势发生了根本性的变化。今后的竞争将是以知识经济为中心，以创新能力为基础，以全球为市场的竞争。加快建设国家创新体系已成为知识经济挑战的必然选择，是竞争的制高点，也是中华民族发展和前进的关键。

国家创新体系是民族发展的基石

二战以后，随着科学技术的加速发展，创新概念获得了经济和科技政策研究者与制定者们的广泛采纳。20世纪70年代，创新政策的重点集中在如何促进研究开发活动。80年代，随着对科技与经济相互作用和依赖关系认识的深化，创新政策的重点从研究开发逐步拓展到进入市场的全过程。进入90年代以后，创新过程本身已从过去简单的线性模式逐步演变成一种复杂的系统或网络。一个国家的创新能力，不仅取决于各创新主体的创新实力，更有赖于国家层次上的体系建造，为创新活动提供有效的体制保障，这就是建设国家创新体系。因此，建设国家创新体系是创新活动自身规律发展的必然结果。国家创新系统是一个宏观层次的概念。我国正处于从一个高度集中管理的封闭系统向着对市场竞争和国际交流愈加开放的系统的转变之中，处于经济的一体化和全球化的国际大环境下。如何在国家层次上建立自己的技术创新能力，促进产业发展和提高国际竞争力，这是国家创新系统的基本出发点。创新能力的建设不仅仅是技术问题，更多的是体制问题。有一个故事说的就是这样的问题，七个人曾经住在一起，每天分一大桶粥。要命的是，粥每天都是不够的。一开始，他们抓阄决定谁来分粥，每天轮一个。于是乎每周下来，他们只有一天是饱的，就是自己分粥的那一天。后来他们开始推选出一个威信高的人出来分粥。大家开始挖空心思地讨好他，贿赂他，强权就会产生腐败，搞得整个小团体乌烟瘴气。然后大家开始组成三人的分粥协会，但他们常常互相攻击，等扯皮完了，粥吃到嘴里全是凉的。最后想出来一个方法，轮流分粥，但分粥的人要等其他人都分到后才自己吃剩下的最后一碗。结果为了不让自己吃到最少的，每人都尽量分得平均。大家快快乐乐，和和气气，日子越过越好。同样是七个人，不同的分配制度，不同的管理机制，就会有不同的结果。因此，管理机制问题，是每个领导需要认真重视的问题。国家创新系统由各种创新的参与者组成，其中多数是有组织的，运行中发生着相互的作用，通过这种相互作用而彼此产生着影响。这些作用与影响同时在体制的变迁和建设中进行，对系统的技术创新的影响便在这种动态变化的环境中发生。体制建设不仅仅是系统中主体本身发展的需要，也同时受国家政策的强烈影响。每个国家都存在各自不同的国家创新系统。建设国家创新体系是促进我国科技与经济结合，加速实施科教兴国战略的一项长期任务。创新的实质就是发展经济。我国建设国家创新体系，就是要从自己的国情出发，从体制上、机制上解决好科技与经济结合的问题，其核心和关键是提高科技促进经济社会发展的能力和实力，促进经济持续发展。技术创新、知识创新等都是国家创新体系的重要组成部分。当今世界科技实力和创新能力已成为世纪竞争的焦点，每个国家、每个民族都面临着新的挑战和竞争，更面临着人才竞争意识的强弱。现实生活中，人才是在激烈的竞争中求生存求发展。竞争意识强的人才，就能够在激烈竞争的环境中战胜对手，屡操胜券。体育运动是一个激烈竞争的舞台，一名优秀运动员应具有的一种重要素质，就是竞争意识。韩国围棋在世界上处于领先地位的一个重要原因，就是棋手具有强烈的竞争意识。韩国有各种各样的围棋学校1000多所，约有10万名棋童在学习围棋，棋童在学校升级的一个重要依据，是他在班内循环赛中的成绩，成绩好，就升级，不然，就留级补课。棋手只有入段，才能成为令人羡慕的职业棋手。韩国棋手的选拔制度十分严酷，韩国棋院每年只有6个人能够入段，入段的竞争十分激烈。在60名院生中，每年从中选取两人入段。如果年满 18 周岁仍然不能入段，就得离开。在院生中入段和被淘汰的孩子离开后留下的空缺，又从社会上众多报名者中挑选。可见，韩国的棋童从小就是在激烈竞争中磨炼出来的，有"冷面杀手"之称的年轻棋手李昌镐在众多高手的激烈竞争中多次获得世界冠军，同其从小就具有很强的竞争意识不无关系。有良好的竞争意识，不仅能不断提高人才的素质，也能在你死我活的战场上夺取一个接一个的胜利。培养人才的竞争意识，是一种很有价值的智力投入。这种状况应该引起人们足够的重视。改革开放以来，我国的经济发展模式进入一个大转型的过渡时期。供需市场由卖方市场向买方市场转型，产品的竞争力决定市场份额，产业结构由传统产业向新型产业转型，高新技术创造新的经济增长点。劳动就业由低层次向高层次转型，创新人才成为企业成败的关键。我国经济发展正在由资源消耗和资本投入为主要推动力的发展向以创新为主要推动力的发展转型，并将通过转型进入一个持续稳定发展的新阶段。经济建设中的许多深层次的矛盾和问题的解决，归根结底有赖于科技进步，有赖于国家创新能力的提高。全面推动我国创新工作，推进国家创新体系建设，大力提高科技创新能力，是从根本上促进经济发展的必然要求。

国家创新体系是民族发展的需要

国家创新体系是真正实现技术创新的制度基础，要建立适合中国特色的国家创新体系。科技体制改革和经济体制改革，在目标上是一致的，都是要增强自主开发的能力和经济实力，增强综合国力和产业竞争力，而提高竞争力的核心就是科技向现实生产力的迅速转化。创新必须要有顶层设计和突破口，创新要有体制支撑和制度基础，创新需要开放的环境和网络，创新的关键是实现产业化。国家创新体系，作为一个从国外引入的概念，产生于市场经济的背景中，得自于日本等后发工业国家的发展经验，对正在发展中的国家具有非常深刻的意义。长时期以来我国企业以生产为经营管理的核心，企业总是追求产品数量的增长和规模的增长，一些产品可以几十年一贯制，如解放牌汽车。我国现在的钢铁、纺织等产量都成了世界第一，但同时，又进口大量的钢材、面料等原材料。许多产业并非都是生产能力不行，而是没有创新，造成了企业濒临破产的局面。应该说到了用技术创新作为经济发展动力的时候了。对我们正在进行科技和经济体制改革的这样一个人口大国，这样一个实行社会主义市场经济的国家，应该建立起具有中国特色的国家创新体系，为国家经济建设的发展奠定较好的基础。国家创新体系的概念强调了制度创新和组织创新在促进技术创新上的重要性。这对改革中的中国尤为重要，它可成为指导经济和科技体制改革的十分重要的工具。国家创新体系，可作为一个十分有效的分析框架，用它来分析作为一个国家整体创新系统的效率，分析不同制度、不同组织、政策之间的协调与否，分析它们之间的联络方式和有效性，从而找到薄弱环节和解决问题的答案。对中国未来创新体系的设想应结合中国的国情，结合知识经济时代即将到来的国际形势。理想的国家创新体系必须在构成上以企业为技术创新的主体，科研院所和大学、教育和培训机构为主要参与者，以国家创新战略为引导，以市场为激励机制，以推动知识的流通为中心，外围是与创新有关的法律、金融及文化等创新环境的建设。国家的重要作用是对创新源头的支持，即对科技的支持，创新环境的培育；即对教育和基础设施的投资，辅之以一定的创新引导战略。

国家创新体系是民族发展的目标

建设我国国家创新体系，不仅要把握国际经济和科技发展趋势，遵循经济和科技发展规律，更要瞄准国家战略目标，适应社会主义市场经济发展的需要，发挥市场行为和政府行为的合理作用。目前，我国正在实施的多项科技、教育计划和工程，为建设国家创新体系打下了良好基础。如"技术创新工程"旨在提高我国技术创新能力，形成符合社会主义市场经济和企业发展规律的技术创新体系及运行机制。"211工程"旨在提高我国高等院校的教育质量和科研水平，建立适应社会主义市场经济的高等教育新体制等。根据我国国家创新体系的总体构想，应在不断完善和继续推进"技术创新工程"、"211工程"和国家其他重点科技计划的同时，组织实施"知识创新工程"，在国家宏观层面，形成建设国家创新体系完整的总体战略布局。通过实施上述"三大工程"和有关政策措施，力争到 2010 年前后，基本形成适应社会主义市场经济体制和符合科技发展规律的国家创新体系及运行机制，基本具备能够支撑我国科技与经济可持续发展的国家创新能力，使我国国家创新实力达到世界中等发达国家水平。这样，就能促使我国知识经济占国民经济的比例有较大提高，造就一批有国际影响的技术创新企业、国立科研机构和教学科研型大学。知识创新的目的是追求新发现、探索新规律、创立新学说、创造新方法、积累新知识。现代化建设任重道远，创新缔造未来。中国科学院院长路甬祥在院士大会上作学术报告时提出：实现科学技术的现代化要分"三步走"，到新中国成立 100 周年左右，我国科技水平进入世界强国行列，全面实现科学技术现代化。具体而言，第一步是在 2010 年前后，我国要基本完成国家创新体系的建设；为我国经济发展、国家安全和社会进步提供有力的科技支持；在若干重要科技领域占有一席之地；科技水平进入发展中国家前位；向社会不断输送创新人才与高素质的知识劳动者。第二步是在建党 100 周年左右，初步实现科学技术现代化，科技整体水平达到世界科技强国的中等水平；自主创新能力和科技竞争力大幅增强，取得一批具有自主知识产权的重大创新成果，为我国实现现代化提供强大的科技支持；培养和造就大批适应 21 世纪发展需求的高水平科技人才。第三步是到新中国成立 100 周年前后，全面实现科学技术现代化，科技水平跻身世界强国行列；科技创新能力成为我国综合竞争力中最具优势的重要因素之一；发展结构合理、功能完善、运转高效的国家创新体系；实现科技人才的国际化，形成国际化的人才队伍。人们有理由相信，在中国科学家的努力下，我国科技事业必将迎来一个创新进步、充满活力的美好未来。中华民族曾有辉煌，曾有屈辱，曾有抗争，曾有失误，曾有奋起。当今要抓住知识经济带来的机遇，发挥人们的聪明才智，改进知识创新和应用的体制与机制，中华民族就一定能再度辉煌。历史是人类创造的，未来也是人类创造的。未来也属于中华民族，未来属于我们每一个人。

三、制度创新是保证

全球化进程的不断推进为各种制度间的对话交流学习提供了机会，同时也使制度的竞争更加激烈。任何一种制度都要走出封闭和僵化，在同其他制度比较学习的过程中进行调适创新，以适应时代的生存。社会主义国家只有主动融入世界发展的潮流，积极参与全球化进程，深刻变革落后于时代的体制模式，大胆进行制度创新，社会才能永葆时代的青春。

制度是知识经济社会的重要资源

制度自古就是一种管理的手段。随着人类文明的进步，人们对制度的认识有了深刻的理解，它不仅是一种手段，更是经济增长中的一个重要内在变量。到过澳大利亚的人都知道，1770 年，J·库克船长带领船队来到了澳洲，随即英国政府宣布澳洲为它的领地。于是，政府就把判了刑的罪犯向澳洲运送，既解决了英国监狱人满为患的问题，又给澳洲送去了丰富的劳动力。运送罪犯的工作由私人船主承包。开始时英国私人船主向澳洲运送罪犯的条件和美国从非洲运送黑人差不多。船上拥挤不堪，营养与卫生条件极差，死亡率高。据英国历史学家查理·巴特森写的《犯人船》一书记载，1790 年到 1792 年间，私人船主运送犯人到澳洲的 26 艘船共 4082 名犯人，死亡为 498 人，平均死亡率为 12%。其中一艘名为海神号的船，424 个犯人死了 158 个，死亡率高达 37%。这么高的死亡率不仅经济上损失很大，而且在道义上引起社会强烈的谴责。如何解决这个问题呢？当时没有派什么官员，也没有乞求船主们发善心，而是找到了一种简单易行的制度，即政府不按上船时运送的罪犯人数付费，而按下船时实际到达澳洲的罪犯人数付费。当按上船的人数付费时，船主拼命多装人，而且，不给罪犯吃饱，把省下来的食物在澳洲卖掉再赚一笔，至于有多少人能活着到澳洲与船主无关。当按实际到达澳洲的人数付费时，装多少人与船主无关，能到多少人才至关重要。这时船主就不想方设法多装人了。要多给每个人一点生存空间，要保证他们在长时间海上生活后仍能活下来，要让他们吃饱，要配备医生，带点常用药。罪犯是船主的财源，当然不能虐待了。据《犯人船》一书介绍，这种按到澳洲人数付费的制度实施后，效果立竿见影。1793 年，三艘船到达澳洲，这是第一次按船上人走下来的数目支付运费。在 422 个犯人中，只有一个死于途中。从英国人运送犯人的这个实例看，改变一下管理制度，就会产生翻天覆地的变化，应该说，这样的制度是有效的激励机制。哈耶克曾经说过，一种坏的制度会使好人做坏事，而一种好的制度会使坏人也做好事。关键是要有好的制度，这种好的制度是合意结果最大、不合意结果最小的制度，而且，要在实践的过程中不断改进和完善。制度作为知识经济的一部分，在经济增长和社会主义现代化建设中表现更加突出。大家知道，制度这个概念中西方学者均有明确的诠释。《辞海》中这样表述：制度的第一含义便是要求成员共同遵守的，按一定程序办事的规程。制度学派先驱者之一凡勃仑认为，制度是人类在社会生活中对社会环境变动的一种应变方式，它通过沉淀于人类理性之中而成为一种习惯方式，这种习惯方式包括固定的思维习惯、行为准则和权力与财富原则。安德鲁·斯考特的定义则更准确地指出：社会制度是指社会的全体成员都赞同的社会行为中带有某种规律性的东西，这种规律性具体表现在各种特定的往复的情境之中，并且能够自行实行或由某种外在权威施行之。可见，制度有自觉遵守与强制实施之分。制度是人们创造的用以约束人们相互交往行为的框架。制度是历史进程中人类行为的沉淀物，是关于行为规则的知识体系。在社会交往过程中，如某人的一些意见和想法对其他人也有利，人们就会以正式或非正式的方式认同，并在以后的交往中自觉遵守，这些共同知识的积淀则形成了一系列制度。它既有历史的继承性，更具有迎接挑战的创造性，这种创造性既充满了不确定性，又具有无限性。它通过对知识、价值或其他要素的教诲与模仿来影响人们的行为，帮助人们克服自身知识的局限性，为人们之间顺利交往合作提供保障，从而使社会秩序趋于稳定并顺利延续。由于制度本身具有在特定时期和地点消除或减缓稀缺性的功能，并扮演了迎接挑战的主角，因而制度本身便成了重要的资源。制度资源的稀缺性则源于制度供给的有关约束条件。如尽管表面上看人们可以按照自己的需要和意愿来选择制度，现实生活中制度资源也相当丰富，但制度变迁条件和成本限制了人们的选择空间，甚至扭曲了人们的"理性"行为，以致现存的制度安排，不仅难以达到最优水准，在一定条件下还会发生相反的作用。在人类社会经济发展过程中，个人收益率不断接近社会收益率的过程就是一个制度创新的过程。人类文明史，在某种程度上说就是一部制度不断完善的历史。尽管制度创新时常受到限制，如现有的法律限定了人的某些活动范围、新制度替代旧制度本身需要时间、新制度的创造发明并非易事等，但制度创新是持续不断的。因为整个世界是在不断变化和发展的，人们的需求增长也是无止境的，人们对利益最大化的追求也是无限的，没有人能够以一成不变的方式进入未来，未来的激动人心之处在于能够塑造它。在 20 世纪 60 年代，西方经济学家的注意力开始转移到第三世界，并形成了发展经济学学派。他们致力于研究穷国如何变富。开始他们把目光集中在储蓄、投资、资本产出系数，以后又研究了教育、人口，制定什么样的发展模式和产业政策，他们更多的是依赖于政府的经济计划来推动生产力的发展。其结果是没有一个穷国能借助这一套理论变富。70 年代以后大量西方经济学家转而对制度问题进行了深刻的思考，取得了卓越成果，产生了制度经济学，出现了许多获得诺贝尔经济学奖的世界级水平的大师。如哈耶克、科斯、诺斯和福格尔、纳什·豪尔绍民和泽尔腾。这些经济学家揭示了第三世界国家落后的根本原因在于没有完成市场经济发展的制度创新。他们的共同结论是："发展是制度变化的结果。""马特莱法则"是国际上公认的企业法则，又称 80∶20 法则。它的含义是把 80∶20 作为确定比值，主张企业家经营企业不要面面俱到，而应侧重抓关键的人、关键的环节、关键的岗位、关键的项目。"马特莱法则"的神奇之处，就在于其确定了经营者的大视野：侧重抓各占总数 20% 的骨干力量、重点产品和重点用户、重点项目等。抓住了这几个 20%，就牵住了"牛鼻子"，整个工作就会顺势而上。在

"马特莱法则"指导下，国外一些跨国公司的老板活得潇洒极了。比尔·盖茨的企业可谓大矣，可他却有大把的时间"周游列国"；巴菲特的企业可谓大矣，可他却"几乎每星期都要观赏两部以上的电影"。就是这么一些"清闲"企业家，其领导的企业却红红火火，原因就在于他们抓住了关键的那20%。在美国，众所周知的一句哈佛名言是："人是最重要的资源"。明智的企业家总是抓住人才这个万物之主，千方百计地收拢人才，实施智能开发战略。在现代社会，任何一个单位和部门，要想向现代化的方向前进并飞速发展，都必须注重人才的选拔和使用。"马特莱法则"强调把主要精力放在占总人数20%的业务骨干的管理上，再以这20%的少数带动80%的多数。对于单位和部门的主要管理者来说，就是要把主要精力放在起用、培养那些有业务能力、有创业雄心、有稳定的归属意识的人才和激发中层管理人员的工作责任感和积极性上。要重视其才能的发挥，做到"因能而授职"，给他们一片发展天地，然后通过他们来带动其他80%的工作人员。制度创新一方面改变制度存量，即对那些不适应生产力发展的规则进行修改和补充；另一方面，增加一些新规则，将那些适应生产力发展的制度建立起来。制度创新的对象是新的生产要素，当新的生产要素作为一个独特的生产力存在时就需要有符合自己要求的生产关系，即经济组织或制度结构。所以，制度创新根源于人们的利益需求，而且会随着人类需求的扩展向更高层次发展。2001年5月，美国加州大学戴维斯分校经济学教授胡永泰在复旦大学举行了第四期汇丰经济论坛演讲，他作了一个生动的类比："我们可以把即将加入WTO的中国比做一只站在深渊边缘的山羊。羊看到深渊那边鲜绿的牧草，也看到横跨深渊的木桥。羊面临的问题至少有四个：一是桥那头的草真的更绿吗？二是桥能否承载羊的重量？三是羊能不能安稳过桥而不至于跌落深渊？四是羊现在独占桥这头的草，是否应该干脆将桥踢下深渊，以阻止桥那头的羊过来吃光这边的草呢？"当然，现在桥已经过了，但不少学者认为，桥上还有许多障碍，其中最重要的就是制度因素，其突出表现为制度重建的滞后性，这已成为中国入世后面临的最大挑战。必须充分利用人的想象力、精神和智慧，以迎接高度竞争、技术不断进步的全球化经济时代的挑战，不断创建新规则开辟新的道路。

制度创新的路径决策和重大意义

美国经济学家戴维斯和诺尔斯认为，制度创新是指能使创新者获得追加利益的变革，是组织形式、经营管理方面的一种新发明的结果。制度创新受多种因素的影响，市场规模、生产技术发展，一定社会集团对自己收入的预期改变，都将会促使成本和收益之比发生变化，从而促使制度创新。而现存的法律限制新旧制度交替的时间，以及制度创新本身所需的时间又都会在一定程度上延迟制度创新。正如历史上技术的进步从来不是自发的和无代价的，而是和制度所提供的激励机制作用的结果一样，创新意识的产生也必须借助于制度的安排。制度的存在要留有空间，制度本身的创新也必须以一定的制度为前提，这就是制度创新的辩证法。世界各国从来不是孤立存在的，也不是齐头并进、平衡发展的，国与国之间不仅存在着发展程度的差异，而且存在着激烈的竞争。一个国家如果不积极采取已经被其他国家的发展证明为正确的制度，而只是一味强调自发的制度变迁，就有可能一步被动，步步被动，永远落在别国之后，很难自立于世界民族之林。显然，自然发展、自我创新是远远不够的，必须进行制度的移植，把其他国家的一些制度拿来为我所用，服务于自我发展。但是，制度的移植从来就必须以自己的民族创造精神为前提。民族的创新精神才是一个国家制度发展进步的真正动力和根源所在，因为制度毕竟是一个内在变量，只有自然演进、自我创新所产生的制度才真正适合于本国的国情。必须把两者结合起来，在自我创新的前提下进行制度移植。这样就能够做到扬长避短、优势互补，既能发挥自我创新的根本推动作用，也能够兼顾到制度的移植，发挥后发优势。两者结合，相得益彰，共同促进制度的现代化。总之，制度就是一个创新推动下的不断变迁的过程。制度是人类活动的规范化框架，是交往关系的规范化结构，也就是人们依据一定的价值目标而理性地制定出来的行为规范与关系制约系统。随着人类活动方式与交往关系的发展，制度也是以新陈代谢的方式向前发展的。所谓制度进步，就是人类交往关系规范化系统的变更与创新，是新制度对旧制度的取代与扬弃，从而构成对社会进步的重要表现形式之一。制度创新所导致的交往关系的扩展以及对效率、公平与秩序的不同程度的促进，既是社会进步的历史条件，又是人的发展的推动力量和有效手段。新制度的建立对历史主体而言往往是一个艰难而曲折的选择过程。新制度是人们或某些社会集团依据一定的价值目标而自觉选择的交往规范，是交往形式的多种可能性在一定历史条件下以某种特定形式现实化的过程。新制度的建立也依赖于对人们思维惯性与心理定式的改造，即要求人们舍弃旧制度，并认同与遵从新制度。从前有一个木匠，造得一手好门。一次他费了好多时间，给自家造了一个门。他想这门用料实在，做工精良，一定会经久耐用。后来门上的钉子锈了，掉了一块木板，木匠又找了一块木板补上。门闩坏了，木匠又换了一个门闩。门轴坏了，木匠又换了一个门轴。若干年后，这个门虽经无数次损坏，但经过木匠的精心修理，仍然坚固耐用。木匠对此甚是自豪，感觉多亏有了这门手艺，不然，门坏了还不知如何是好。忽然有一天，一个邻居告诉他："你是木匠，你看看我们家这门！"木匠仔细一看，才发觉邻居家的门一个个款式新颖、质地优良，而自己家的门却是又老又破。木匠想了想，明白了：原来是自己的这门手艺阻碍了自家门的变化。于是木匠很感慨，学一门手艺很重要，但换一种思维更重要。行业上的造诣是一笔财富，但也是一扇门，一不小心就会关住自己。在一定的历史阶段上，任何制度进步都是一种有限的进步。由于人们所确立的价值目标总是与特定阶级和社会集团及其切身利益纠缠在一起，具体创建新制度的人们不可避免地带有阶级的、历史的与认识的局限性。人们的交往关系在相当长的历史时期内都是被迫的与强制性的，人们在社会交往活动中尚不能达到自主与自觉，因而制度创新总是具体的、历史的。美国是获得诺贝尔奖最多的国家，整体创新是很强的，但并不满足，总是十分注意反思在创新方面的不足。一位美国精神病学家指出，瑞士按人口比例计算要比美国具有多得多的诺贝尔奖获得者。一位历史学家指出："为潜在的创造力提供良好的机会这对任何一个社会来说都是生死攸关的事情，这一点极为重要，因为按人口比例看是相当少的那种杰出的创造能力是人类社会最重要的财富。"美国著名心理学家阿瑞提说："现在在美国已经到了对我们那种促进创造力的方式方法进行重新考察的时候了，这就好像在人造卫星上天之后要对我们的教育方法进行考察一样。"任何制度都只是在一定程度上克服了旧制度的缺陷，也只是在一定水平上实现了自身的价值目标，与此同时又必然带来需要进一步加以解决的矛盾与问题。因此，这种有限性的制度创新，只能使人的解放与发展呈现为具体的历史的与有限的形式。

深化改革完善制度创新机制

制度创新是一项复杂的系统工程，打破习惯势力和主观偏见的束缚，不断研究新情况，解决新问题，既强调敢试、敢干、敢闯，又要求注重持久稳健。制度创新是探索前人没有走过的路，做前人没有做过的事，其本身就包含着成功与失败两种可能。但无论哪种结果，只要能够认真总结，正确对待，都会对制度创新有所贡献。制度创新在一开始时不能就要求其尽善尽美，不能为了求尽善尽美而推迟出台的时机。也不能寄希望于一劳永逸，以为只要推出了某项制度就可以长期存在而不加以完善。科学的态度应该是在时机已经成熟时就推出某项创新制度，根据实践情况及其相关制度创新情况，及时修正它补充它完善它。要完善激励保障机制，引导制度创新行为，培养高素质的创新主体。没有创新愿望，一切创新活动都不会发生，可是，仅有创新愿望，创新将停留在动机阶段。只有创新主体对激励作出反应，采取创新行为后，创新愿望才具有真实性。创新行为是创新主体在创新刺激、创新价值观、创新动因、创新素质等作用下采取的为实现创新目标的一系列活动。作为制度创新主体要善于敏锐地观察到现有制度存在的某方面缺陷，准确地捕捉新制度的萌芽，提出大胆新颖的推测和设想，继而进行周密论证，拿出切实可行的具体方案并努力加以实施。欧洲是现代科学技术的故乡，但是在应用科技发明方面却落后于美国和日本。近年来，欧盟诸国大力强调基础研究与应用研究并重的方针，尤其注重加速科技成果商品化。首先是改革税收制度，鼓励企业自己投资搞科研。法国政府规定，政府将企业新增投资额的一半变相退还企业，即把这部分款额在公司所得税中扣除。意大利对企业科研提供低息贷款，对一些风险大的科研项目由国家提供最多可达5％的补助。其次，为了医治科研与生产严重脱节的痼疾，实行普遍建立起科研成果推广中心在科研部门和生产部门之间牵线搭桥的方式，一是定期举行科技成果交易会，让供求双方直接见面洽谈并签订技术转让合同；二是日常为供求双方提供专项服务，如推广中心接受企业的委托，替企业物色理想的科研部门协同攻关；三是鼓励科研人员自己办企业。法国要求国家科研部门在财力和人力上支持本部门科研人员兴办企业。法国原子能委员会规定：凡决定兴办企业的科研人员，可得到 20 万至 100 万法郎无息贷款，可享受 3 个月的带薪假期或 1 年的工资奖励，如果创业失败，还可回单位。这些办法在实践中收到了明显的成效，使得欧洲产品大体上保住了其在国际市场上的占有率，其中不乏具有世界先进水平的高精尖产品，如阿丽亚娜火箭、空中客车飞机、超高速磁悬浮列车、核电站设备等。欧盟的经验是很值得我们研究和借鉴的。提高国民素质，培养创新型人才，唤醒创新主体意识和创新主体的创新意识是当务之急。完善市场体系，加强法制建设，防止制度创新中的道德风险。只有随之而来的市场是竞争性的完全的市场，制度创新的轨迹才将是有效的，经济长期运行的轨迹也才是有效的，即经济总会保持增长势头。制度创新有利于提高整个制度供给的边际收益，但由于各利益主体并不能都从制度创新中增加利益，有些主体甚至在利益调整中减少或损失部分利益而成为制度创新的阻力，使制度创新难以持续，或者他们虽不抵制，但也会设法进行制度寻租，使社会交易成本增长。同时，由于制度创新成果难以用专利制度来保护，这就导致创新结果很容易被他人学习和模仿。而学习和模仿的成本相对来说较低，有创造力的人通过学习和模仿，进行新一轮创新的费用就比完全独自创新所花的费用低得多，这种搭便车行为会削弱创新主体的积极性。制度创新过程中的搭便车行为，可以看做是制度创新的道德风险，搭便车行为成本过高，让人们清楚地懂得只有在合法的渠道里才能实现个人收益最大化。应一切从实际出发，合理选择制度创新路径，妥善处理政策与制度的关系，全面提高制度创新绩效。制度创新一般是通过两种方式进行，即强制性制度创新和诱导性制度创新。强制性制度创新是由政府命令或法律引入实行的制度创新，而诱致性制度创新是由一个人或一群人在响应获利机会时自发倡导、组织和实行的制度创新。政策与制度具有一致性，二者相互联系，相互促进，共同推动经济和社会事业的发展。好政策会诱导制度创新，但不好的政策也会随着时间的推移将从基础上破坏和扭曲制度运行。不好的政策在任何经济中都表现为鼓励无效率，这与制度创新的目标是根本不一致的。因此，应当避免或减少不良政策的产生。

四、制度创新的作用

制度总要与社会一定的历史发展阶段相适应，当社会发展到一定阶段的时候，制度就会发生变革。制度的变革有合理与不合理之分，社会制度的合理变革就是制度创新。

诺斯的制度创新理论及中国传统文化的影响

美国新制度学家道格拉斯·诺斯通过对经济史的研究，提出了其著名的关于制度选择的"路径依赖"理论。该理论认为，我们曾经走过的"道路"决定了今后的去向，制度选择的可能范围是由历史决定的。诺斯的研究还表明，制度变迁过程存在着报酬递增和自我强化机制。在这一机制的作用下，创新制度如为历史所容，则制度的发展就比较顺利，否则，可能发生"锁入效应"，即可能被锁定在一个低水平状态。落后国家在进入到现代国家时经常出现停滞和反复，就是"锁入效应"所起的作用。从诺斯理论中可以看出，传统文化在现代企业制度创新中具有创新尺度的作用，它规定了制度选择的可能集合，并使切合传统文化核心的创新制度得以适者生存。中国文化的特点有血缘文化的影响。特点是以个人为中心一圈一圈向外扩展，从血缘关系扩展到私人关系，然后再到陌生人社会，调整其中关系的不是法律，而是儒家礼俗，"三纲五常"之类的礼仪规范。这就像以石击湖引起的一系列向外扩展的同心圈一样。指导各圈关系的原则不同，即所谓爱有差等，而不是西方所谓的博爱。由此，社会结构就体现为私人圈或者家族圈的势力。这种文化特点对经济活动有着重要影响。经济合作是基于信用的，而这种文化特点使人的信用只产生于熟人之间，这样就会在相当程度上造成经济活动只局限于熟人的有限圈子内，不利于经济活动的扩展。生产力的发展将迫使经济活动超越私人关系范围，经济活动才能实现质的飞跃，进入一个新的发展阶段。企业的产权组合也要跃出私人关系圈，企业才有希望建立相互间较长期的稳定关系。传统中国的爱有差等是通过礼俗来调整的。有什么样的现象，就会有什么样的迎合。明嘉靖年间，北京城里有位名裁缝，无论何人，胖瘦高矮，由他缝制的衣服没有不合身的。有位御史闻讯后找他制官服，奇怪的是他并不忙着量尺寸，而是询问御史的官龄。御史不解，问其缘由，裁缝说：如果是初任高官，则意气盛，身躯往往微仰，衣服应后短前长；任职稍久，在官场已经过磨炼，意气微平，衣服应前后一般长短；如果任职久了，而且可能升官，则内心装着的是谦逊，身体往往微俯，衣服就应前短后长。不听不知道，一听吓一跳，想不到在京城里做个小小的裁缝，还须有如此深奥的学问。裁缝用他独特的职业性眼光，通过官服看到了当官者的心态，于是，以迎合或者掩饰这种心态来制衣。传统文化的一个重要内容是"官本位"。中国历史上资本主义难以成长的一个原因是"官压商"。节制资本和平均主义思想在新中国成立后的曲折历史中有很明显的反映，至今仍有较大影响。传统文化的这一特点，不利于企业家队伍的培养。在"官本位"文化中，"商人"地位低，导致优秀人才不愿加入企业家行列。企业家优秀人才的匮乏，将影响现代经济的建设。

制度创新的实现方式

制度创新需要采取正确的实现方式。国家在不同的历史时期其制度创新所采取的实现方式是不同的。通常有的渐进式是指制度创新表现为缓慢的、持续的量的积累过程。突进式是指制度变革表现为快速的、飞跃式的质的变化过程。强制式的制度变革是政府强行推行的制度变革。政府根据社会发展的需要，不管其社会成员是否愿意，利用国家政权的力量强制性地改革旧的体制，创设新的体制，从而实现制度创新。诱致式制度变革是在政府的默许下，或在政府的精心安排下，用获利的机会去诱导人们自发地变革旧的体制，创设新的体制。立法先导式是一种采用先立法再依法改制的制度创新方式，这种方式通常先精心设计新的制度，再通过立法程序，使设计出来的新制度变成法律，成为国家意志，然后再去依法实施建构新的制度。整体变革式的制度创新是一种彻底抛弃旧的制度，另立炉灶建构一种新制度的变革。当一种社会制度已经完全不适应社会的发展时，就需要采用整体变革式去进行制度创新，可称之为制度革命。局部变革式制度创新是一种制度改良。对旧制度只是动局部的手术，旧制度的一些要素还在，一些功能还在，引起的社会震荡一般来说要小些，但同时局部变革式的制度创新所容纳的社会发展程度相对来说也要小些。几种类型间为交叉关系，它们之间并不相互排斥。所以，对同一种制度创新实现方式，可以根据需要从不同角度去进行分析。中国的基本国情是人口多、底子薄、人均土地少。同时也不可能从体制外获取大规模的改革成本投入。一个特别的前提条件是，中国的改革开放是在经过"文化大革命"的十年浩劫以后开始的，人们在这场政治灾难后，痛定思痛，全社会对于经济发展和社会政治稳定有着相当一致的强烈共识。因此，中国的改革从一开始就形成了以邓小平同志为核心的第二代领导集体的思路。"摸着石头过河"，采取了渗透式地推进制度创新的方式。这种渗透式的制度创新方式的特点是将改革、发展与稳定三者有机统一起来。只有发展才是硬道理。因此，改革中制度选择与制度创新的目标取向必须是社会经济的迅速发展。但是，要发展就需要实行革命性变革，不改掉束缚和阻碍生产力发展的旧体制，生产力就无法获得解放，也就谈不上发展。而改革、发展的前提是稳定，离开国家的稳定就谈不上改革和开放。当社会改革的幅度太大，社会的震动过于强烈，人们普遍承受不了时，改革就会陷入困境，发展就只能是空话。因此，改革既要胆子大，又要步子稳。对的就下决心坚持，被实践证明错了的就赶快改正，这是实事求是的创新，科学的创新。只有新旧体制的交替平稳，社会不出现较大的震动，人民对改革有足够的心理承受能力，制度的创新才能顺利有序地进行。

制度创新必须要改革

创新就是要大胆试验，敢于标新立异，敢于突破。旧体制是由一套慢慢稳固下来的结构、一套人们早已习以为常的思维方式和一套已经规范化了的办事程序构成的。改革就要在组织结构、思维方式、规范程序方面下工夫，突破原有结构框架、思维方式和规范程序，并在实践中摸索出、构建出新的结构、模式与程序。突破未必全是创新，但是，没有突破决无创新。然而改革是一项崭新的事业，是一个大试验，没有现成的路可走。只能在干中学，在实践中摸索。社会主义改革中的制度创新是十分复杂的过程，很多创新突破并不是一下就很完善的，甚至在试验中还可能出现差错。因此，在提倡敢闯敢破时，要细心谨慎。查理·艾尔顿从牛津大学生物系毕业后，到一家公司当顾问。一次他到天寒地冻的北极地区进行动物生态考察。艾尔顿到北极后，随意翻看这家公司以往收购因纽特人皮毛的账簿，无意中发现，这家公司收购北极狐皮毛，每四年中总会出现一次收购高峰。这是怎么一回事呢？他向许多当地人和一些科技人员请教。北极狐时多时少，这是由来已久的事了，没什么大惊小怪的。人们平静地回答。艾尔顿凭借他的动物学知识，意识到这可能跟北极狐的食物有关。经过一番调查，他发现北极狐的主要食物是"旅鼠"。旅鼠有一个极其怪异的特点，在某一时间内，几万、几十万甚至几百万的旅鼠，一起穿原野，越山岗，浩浩荡荡如同大规模的集体旅游，所以人们管它叫旅鼠。它们即使到了海边，也决不停止，最后尽丧在滚滚的汪洋之中。是什么原因给旅鼠带来如此巨大的悲剧呢？经过长时间的考察分析，他终于弄清楚：因为旅鼠繁殖极快，到了第四年数量已相当可观，众多旅鼠的出现，导致食物的严重匮乏。这时的旅鼠出现饥饿难忍，烦躁不安，开始了大规模转移，直至最后走投无路集体自杀。然而，这给以旅鼠为主要食物的北极狐创造了良好的生活环境，使北极狐的数量达到了顶点。所以，从因纽特人手中收购的皮毛也达到了高峰。1924年，艾尔顿公开发表了这一研究成果，并在此基础上提出了动物界食物链这一著名理论。1927年，他首创了动物生态学。这个实例说明细心的观察和深入的研究，就会找到疑虑的症结，现实生活中就要注重对事物的认识，不断地进行改革创新。改革说到底就是要改变人们原来早已习惯的生活状态。一旦改革发生，人们习以为常的生活就被打破了，就会引起人们心理上的不安和思想上的疑虑。改革是一种大胆的摸索，任何改革都会有三种结局：失败、虽未败但相差甚远、成功。相当多的人会有观望的心理。正确的策略是尽可能多地了解人们的真实心理。改革是人民的事业，应当尊重人民的意愿。改革会触动人们的经济利益，会调整人们的社会地位，会改变社会的价值取向。在改革中，原先被奉为神圣不可侵犯的理论会受到实践的严格检验，必然会招来许多非议。但改革是要在探索中走出一条前人没有走过的道路，有许多事情只能在实践中试验，其成败得失并不是靠事先的抽象争论所能搞清楚的。因此，要痛下决心，坚定不移，将改革搞下去。

五、制度创新是生产力发展的基石

发展社会生产力要依靠科学技术，但又不能只依赖于科学技术自身的演变，更重要的是需要制度创新。制度创新是生产力发展的基石，是推动生产力发展最核心的因素。

制度创新是技术创新的前提

生产力的发展不能只依赖于科学技术自身的演变，更重要的是需要依靠制度创新。新的历史条件下，制度创新更重于科学技术的创新，制度创新是生产力发展最基本层次的因素。科学技术创新主要是解决生产力方面的问题，而制度创新要解决的则是生产关系方面的问题，二者相互制约紧密联系。没有制度创新生产关系方面存在的问题就解决不好，就难以顺利实现科学技术创新。因此，制度创新实为技术创新的前提。马克思讲"科学技术是生产力"，是以资本主义市场经济制度已经存在为基础的。邓小平讲"科学技术是第一生产力"，是以中国实行了市场化改革为前提的，离开了这个制度基础或前提，科学技术对生产力的推动作用就无从谈起。无论是在曲折蜿蜒的人类历史发展进程中，还是在纷繁复杂的现实生活中，都证明了离开制度创新，科学技术不能推进生产力的发展。我们中华民族一直被认为是一个勤劳、智慧、勇敢的民族。的确，中国人有智慧，这是无可非议的。中国在明代之前一直占有世界财富的30%，中国曾是西方国家和日本学习的榜样。然而，在19世纪中叶至20世纪中叶的100年里，中国却一次次地被这些国家打败，沦为半殖民地国家。中国为何会从一个世界上最强盛、最富庶的国家沦为半殖民地国家？撇开闭关锁国、科教落后、政治腐败、军备废弛、社会动乱等这些人所共知的因素不提，智慧的歪用是中国落后挨打的重要原因之一。回顾历史，从技术创新方面来看，中国的四大发明对世界文明进步的贡献不可谓不大，但在我们自己的国土上，四大发明却未曾发挥什么作用：指南针被用来寻找避凶趋吉的风水宝地，而别的国家学了去开辟新航道，发现新大陆，发展世界贸易；火药被用来制造渲染气氛的烟花爆竹，供消遣之用，而别的国家学了去开矿山、修隧道、造枪炮，发展经济与国力，最后使中国饱受人家炮火的"洗礼"；精美的宣纸上铺写的是陈腐的八股文，先进的印刷术复制了难以数计的经书。从人才培养使用方面来看，自隋唐起，就有了以才取士的科举制度，可惜的是后来却演变成莫名其妙的八股取士，无数的社会精英人才穷毕生之精力苦读经史子集，像范进似的为科举而疯狂的人不在少数。诸如此类的事在中国历史上不胜枚举。11 世纪的欧洲是一个富于技术革新的时代，水和风开始推动转轮碾磨粮食和开动漂洗机，但这些技术革命并没有帮助人们越过马尔萨斯陷阱使产量的增长超过人口的增长。又如同蒸汽机在市场经济的英国引起了轰轰烈烈的工业革命，而在农奴制度下的俄国却湮没无闻。在当代世界上，同样一套高科技的现代化设备，安装在 A 国具有很高的生产效率和产品质量，安装在 B 国则可能是低效率的生产，发展中国家引进先进设备低效使用的例子很多。由此可见，并不是有了科学技术的进步就必然地推动生产力的发展。任何时代、任何国家科技对生产力发展的巨大推动作用，首先是以科技在社会经济活动，特别是生产实践中的应用为前提的。科技的进展和应用，在有些国家和地区能够迅速发展而在另一些国家和地区却不能，就是在同一国家和地区，某个时期科技能够迅速应用而在另一些时期却不能，这就引出了一个比科技更为重要更深层次的因素，它就是制度创新。

制度创新是人类首要关注的重点

随着人类由必然王国到自由王国的演化变迁，制度选择和制度安排就日益成为人类首要关注的对象。推进社会全面进步，不仅要求提高劳动力质量和革新生产工具性能等技术创新，而且更要求制度本身的最优选择和最佳安排的创新。人类经济发展的历史过程，是在生产力发展规律作用下，不断提高劳动力质量和革新生产工具性能的技术创新过程，科学发现、技术发明、教育发展和工具革新等科技创新活动，就是这一过程的主要内容和基本形式。它又是在生产关系一定要适合生产力作用下，不断寻求劳动力与生产工具之间最佳结构组合的制度创新过程。宏观上经济体制改革、中观上产业结构调整、微观上企业资本重组等制度创新活动，就是这一过程在社会化市场经济中的最主要的形式。人类社会在多次的制度变迁过程中，迄今所能探求到的最有利于科技创新和制度创新的资源配置，不是封闭保守的自然经济，也不是高度集中的计划经济，而是开放竞争的市场经济。制度创新才是保证先进技术充分发挥作用、实现生产力长期提高的充分条件，制度创新优于技术创新。中国的农业，西汉时期就发明了牛拉双铧犁，一拉就是两千多年没有多大的变化。当农业技术领先的时候，制度也是先进的，中华文明不仅把周边国家甩在身后，也让意大利的马可·波罗叹为观止。但当18世纪和19世纪初的第一次科技革命时，我们正处于封闭保守的满清封建帝国时期。19 世纪后期的第二次科技革命时，中国正处于列强入侵的半殖民地时期。二战后的第三次科技革命时，中国共产党代表着先进社会生产力的发展要求，通过革命时期的奋斗，对旧制度进行了彻底破除，建立了新型的社会主义制度，促进了生产力的发展，改变了中国一穷二白的面貌，但较长的时间又处于以阶级斗争为纲的时期。可以说，中国在过去的三次科技革命中均没能抓住机遇，造成了在国际社会中的现状。现在第四次科技革命正在兴起，经济全球化的趋势也日益发展，这正是中国加快发展和缩小差距，赶超发达国家的难得机遇。通过经济体制改革，实施制度化配置的创新工程，已是不能绕开的必然选择。

创新体制是时代发展的激励源

工业资本的主要特征是大生产的规模经济，与此相适应的是上下等级分明的管理结构。这种金字塔式的管理方式与政治运行的传统体制是类同的。它必须确立一个中心，而其他的外围组织只是这个中心的层层代理。正如人民选择了一个执政党一样，这个权力的放大体系与工业文明是恰然对应的。无论是政治的权力构架还是经济的权力结构，其本质都是资本配置的作用方式。经验证明，政治活动是不可能全部取代市场调节资源的功能的，相反却要以市场机制为依归。市场经济机制是实现资源优化配置的基础。美国未来学家托夫勒认为，一个新文明正在我们的生活中出现。新的文明带来了新的家庭风格，改变了工作、爱情和生活方式，新的文明还带来了新的经济、新的政治冲突，尤其是全新的思想意识。可以说，新经济的产生建立在人的需要的基础之上，它不单单是数字符号，而是现实生活的实际内容，它只不过是把现实生活用数字手段加以表达罢了，正如工业资本曾经表达了人们对财富、对权力的诉求一样。知识经济或者新经济时代将以网络技术和具有创新思维的人力资本淡化或者在极大程度上消解上述冲突。在新经济时代，人们对垄断的作用所引起的后果一直争论不休。网络技术、数字通讯手段使得政治制度、经济制度有了民主构建的物质基础。印刷术在相当程度上实现了通信民主。互联网使之前进了一步，使信息的流动变得更加难以阻止了。技术给每一个阶层的人们赋予了力量，它使人们获得了以往从未有过的信息和参政途径。网络社会是一个由符号所组成的虚拟社会。符号是人类所独有的。卡西尔曾把人类定义为符号的动物。符号在人的生存与发展中发挥了巨大的作用，而计算机则是人类第一次发明了一项用于符号加工的工具。符号本是由人所创造，是人为达到某种目的的手段，但是在某种情况下符号却可以反过来成为控制人、奴役人的异己力量，人因为受制于符号而处于被动受控制的地位。不可否认，这种现象在网络社会中已经不同程度地出现。如人因沉湎于由符号所构成的虚拟世界而远离真实世界，为此也失去真实的自我，真实的人性。又如这种由符号构成的虚拟世界也可能造成虚拟与现实的混淆、错位。真假不分，现实与想象不分，虚拟与现实不分，使人丧失最基本的事实和道德判断能力。这种被符号世界所异化了的人，会把虚拟的一切照搬到现实生活中。被符号所异化了的人会对一切无动于衷，他们的正义感、道德感为符号所麻木。再如网络社会中存在的每个人也只是一个，正如有一句网络名言所说，他们也都有可能成为躲在符号背后的假面人。在符号的面具下，他们可能忘却自己的身份，也同样感受不到对方作为真实人的存在。他们的行为因为可以摆脱熟人社会的监督，而表现出对他人不负责任、为所欲为，甚至认为在符号掩护下的犯罪也不过是敲打键盘点击鼠标而已。符号世界的异化这是当代所面对的一个新的问题，如何防止符号的异化，确立人在符号世界中的主体地位，这是一个很需要去探讨的问题，即人们如何成为符号世界中的主体，而不致丧失自我，沦为异化物。鉴于网络中人的符号化身份，他律道德都可能陷于失效。在符号的保护下，人们可以逃脱舆论和利益机制的制裁，在一个无人控制、干预、过问、监管的情况下，也就对人的道德水平、文明程度提出了新的要求，同样也对以往行之有效的道德要求、道德规范提出了新的挑战。自主、自律性的道德教育更显得必要，更加呼唤人的主体意识，成为道德的主体。网络空间和社会本身就给人以这方面的锤锻和考验。它唤起人自觉责任和义务意识的觉醒，自主意识和品格的提升。唯有这样才得以使受教育者成为网络的主人，也才不致使以符号为标志的人异化。

制度创新是遏制腐败之策

管理者之所以要"治吏不治民"，一是若管理者超过其直接下级而越级指挥，将把下级管理者置于一种十分尴尬的境地，这不仅容易引起他们的反感，也不利于他们能力的培养；二是管理者再能干，其精力总是有限的，如果事无巨细皆由亲决，必然会心劳日细，影响大事的处理。诸葛亮英年早逝的一个重要原因是其事必躬亲。当司马懿听说诸葛亮事必躬亲，凡军士受责罚军棍20记以上都要亲自决定这一情况时，就笑着说："诸葛孔明其能久乎？吾无患矣。"诸葛亮事必躬亲的教训，值得每个管理者深思。从古今中外的情况来看，吏治的问题主要存在于两个方面：一是管理者敷衍塞责、毫无政绩，是谓庸官；二是管理者以权谋私、贪污腐化，是谓贪官。庸官是对自己的职责不负责，贪官则是利用自己的职务捞取好处。从理论上和实践上看，管理者可以分为四种，贪而不庸、庸而不贪、既贪又腐、不贪不腐。显然，只有第四种管理者才是理想的管理者，其余的管理者都是吏治整顿中要整顿的对象。对于贪官，重要的不是怎样去抓，而是怎样铲除贪官产生的土壤。要铲除贪官产生的土壤，关键是从制度建设着手，使管理者不能贪、不敢贪、不必贪、不愿贪。史书上经常出现一个字："赇"。《辞海》上的解释是贿赂。其实无须解释，大家一看便明白，以贝相求，不就是权钱交易吗？挥动伤人的利器需要使用者心存恶意，这就需要克服良心的障碍。"赇"则替人免除了这些麻烦。只要你手中有了权，它就会主动找上门来，甜蜜蜜地腻上你，叫你在绝对不好意思翻脸的情境中缴械投降，放下武器，跟他们变成一拨的，团结起来一致对外。你无需任何恶意，甚至相反，拒绝这种"赇"，倒需要几分恶意，需要翻脸不认人的勇气和愣劲。腐败现象屡反不止的原因之一同目前制度的欠缺有着一定的关系。要遏制腐败，就必须从完善制度入手。反腐败是当今世界各国普遍面临的一个重大政治课题。改革开放以来，党和国家颁布了许多反腐倡廉的政策和措施，也取得了明显的成效。但不得不正视这样一个极为严峻的现实，腐败现象在一些地方和部门仍然没有得到有效遏制。究其原因，固然有腐败分子其个人品质原因，但腐败活动既然发生在社会主义体制内，也就说明制度环节存在疏漏。社会主义廉政建设与经济文化建设一样，有其自身的科学轨迹和基本要素，要素的欠缺势必导致廉政建设脱离科学轨迹而陷入令人困惑的误区。体制内不断发生的问题应从体制上找原因。因此改革完善原有体制，构建一整套协调有效的廉政制度体系是遏制腐败的根本所在。邓小平同志指出，权力过分集中必然造成官僚主义，必然要犯各种错误。不少地方和单位都有家长制的人物，他们权力不受限制，别人都是唯命是从，甚至形成对他们的人身依附关系。过度集权的体制为某些掌权人提供了自由用权、不受约束的可能。过大的权力膨胀了他们的个人意志，使其随心所欲。权力的过分集中也使权力运用过程缺乏有力的制约和监督。没有制约的权力容易被滥用，在失控和约束不力的情况下，个人意志常常会由于没有压力和牵制而轻易地进入权力异化过程，一个人说了算，从而使用权力形成不谨慎甚至随意用权的状态。社会流行这样一句话，有些人"在腐败中进步、在进步中腐败"。比如成克杰等人，他们一再提升的过程，其实就是一再腐败的过程。这种反常的现象产生的原因有三个方面：一是腐败者惯会搞欺下瞒上。对那些说话算数的顶头上司，他们会全力以赴地投其所好，能送就送，该骗就骗，甚至不惜当孙子、做奴才。俗话说权力周围多小人。而对于广大群众，则是"初一十五不一样，坑人害人换花样"，耍政治流氓手段。二是腐败者惯会做表面文章。比如"面子工程"、"政绩工程"等，以显个人的"政绩"和"超凡"的"才能"，就连述职报告或者工作报告，也多是不实之词。必要时他们甚至干了坏事把它当做好事来宣扬，并能做到"脸不变色心不跳"。三是腐败者擅长搞团团伙伙和结党营私。他们会不择手段地网罗"自己人"。这些"自己人"，既有上级下级，也有狐朋狗友，更有家族亲戚，甚至还有黑道人物。尽管是少数人，但所造成的影响是不能低估的，原因就是缺乏制约机制做保障，权力行为的规范流于形式，丧失了应有的权威性和严肃性。法制化的欠缺主要表现在，廉政领域本应靠法制解决问题，常被道德教化越俎代庖，"软约束"取代了"硬约束"。对反腐败或廉政建设这个本属社会政治法律范畴的问题来说，如果缺乏法制的强力做后盾，势必显得苍白无力，容易造成口是心非的"两面人"，戴着道德的面纱行腐败的勾当。列宁说过：没有公开性而谈民主是可笑的。同样，没有公开性来谈监督权，也是可笑的。公开是监督的前提，知情是监督的保证。邓小平同志说过：我们过去发生的各种错误，固然与某些领导人的思想、作风有关，但是组织制度、工作制度方面的问题更重要。这些方面的制度好可以使坏人无法任意横行，制度不好可以使好人无法充分做好事，甚至走向反面。有必要通过深化改革推行制度创新，从根本上遏制腐败，从现实中控制有些人的无限欲望。有位叫蒙可夫·基德的登山家，在不带氧气瓶的情况下，多次跨过6500米的登山死亡线，最终登上了世界第二高峰——乔戈里峰。他的这一壮举于1993年被载入世界吉尼斯纪录。不带氧气瓶登上乔戈里峰是许多登山家的梦想。然而，自1881年有人携带氧气袋登上这座山峰以来，还没有一个人扔掉过它。因为一旦超过6500米，空气就会稀薄到正常人无法生存的程度，想不靠氧气瓶登上八千多米的峰顶，确实是一个严峻的考验。在颁发吉尼斯证书的记者招待会上，蒙可夫描述了他发现无氧登山的奥秘。他说，无氧登山运动的最大障碍是欲望。在山顶上，任何一个小小的杂念都会使你感觉到需要更多的氧气。作为无氧登山运动员，要想登上峰顶，就必须学会清除杂念。脑子里杂念愈少，你的需氧量就愈少；杂念愈多，需氧量就愈多。根据蒙可夫发现的道理，欲望过于膨胀的人在生活上和事业上也许是永远也登不上峰顶的。我们要通过强化监督制度，营造"不能贪"的外部环境。腐败现象是公共权力异化的结果，当来源于公众的权力被少数人当做谋取私利的手段时，这种权力就失去了控制出现腐败。而追求利益是一些人的天性，这就决定了掌权者总有以权谋私的可能性。阻止权力的异化，既要靠人性的完善，更需要外部的约束。对权力进行有效的监督和控制，就会使权力变为相对的权力，堵死权力腐败的通道，使当权者不能贪。健全法制，在管理者头上高悬"达摩克利斯"之剑，叫管理者不敢忘记，形成公职人员不敢贪的制度。法制是反腐败的强力杠杆。阻止腐败分子的腐败行为，单靠通过道德力量来唤醒其良知，根治腐败是不够的，还必须重视法制建设，规范公职人员的行为，形成不敢贪的压力。改革人事管理制度，激励不想贪的为官动机。在现阶段根治腐败，通过人事管理制度的改革，引导干部形成不想贪的心理。腐败是一种令世人深恶痛绝的猥琐的行为，是人格的堕落、人性的泯灭。但由于历史和社会的种种原因，人们往往只重视显性腐败，即恶作为的腐败，却往往忽视了另一种形式的隐性腐败，也称之为无为的腐败。这种腐败往往堂而皇之地逍遥于舆论和法网之外，如不加以及时整治、打击，会给国家、人民造成巨大的损失，也会给党的威信造成损害。从本质上讲，无为的腐败与恶作为的腐败是同一祖宗，即私欲作祟。但无为的腐败却是技高一筹。无为的腐败的表现形式，一是有权不用。即不以权谋公，最后导致贻误时机，给党和人民的利益造成损失。二是不学无术，精神空虚胸无点墨，大事干不来小事不愿干，整日沉迷于酒场舞场，官气十足官话连篇思维混乱，以其昏昏使人昭昭。此类人善用平衡之术，既不伤甲又不伤乙，一团和气；既不任人唯亲更不任人唯贤，使人才闲置，造成人才资源的巨大浪费。无为与无所作为虽属一族，但也有区别。无为者的理论是，多一事不如少一事，少一事不如无一事。多干多错少干少错不干不错，从动机上讲是存心故意的无为。而无所作为者多是能力所限困难所累方法欠妥而造成的，是无能为力力不从心。因而，无为者更应遭到唾弃和鄙视。恶作为腐败的理论是有权不用过期作废，表现形式为"勤"和"忙"，但其实却是勤里藏私、忙中有垢。而无为的腐败，无论是对人对己、对工作对事业都是有害而无利。当然，恶作为的腐败必须继续加以铲除，而无为的腐败理应得到重视和整治。对待这两类腐败行为，必须坚持两手抓，两手都要硬，为改革开放和社会主义现代化建设创造更为有利的环境。特别是对领导干部，一定要有端正的权力观。另外，考虑到人的思想不是一成不变的因素，选拔任用干部后，还要实行罢免制，使官员能上能下，增加其责任感和危机感。

当今世界唯一不变的就是"变"。

第七章 创新方法

一、技术创新是民族之魂

技术创新既是国家创新体系的重要组成部分，其本身也是一个复杂的系统。从树立创新意识到形成有利于创新的社会环境和政策环境，再到培养创新人才，都需要付出巨大的努力才能实现。人们正在形成这样的共识：大力发展高新科技，大力提高技术创新能力，这是解决我国社会发展的重要方法和紧迫要求。

技术创新是不竭的动力

有一种说法："19 世纪是英国人的世纪，20 世纪是美国人的世纪，21 世纪是中国人的世纪。"这个论断让我们这些爱国者热血沸腾、激动万分。在新的世纪里我们必须重视建立合理的机制，创造适宜的环境，让优秀人才都能够自由、正确地使用自己的智慧，用创新的思想指导我们把国家建设得更加强大。苏联解体、海湾战争、东南亚金融危机、科索沃危机等，它告诉人们在现实的世界格局中，无论是国防安全还是经济安全，在很大程度上取决于科学技术的不断创新。以自然资源为依托所形成的传统产业及产品格局，其国际市场已日趋饱和。这些产业过度膨胀所形成的泡沫也逐渐破裂。科技进步在生产要素中的重要性正在表现出超越土地、资本和劳动力的趋势。以土地为例，长期以来，商业用地的价值必须反映使用这些土地进行经济活动的赢利能力。在东南亚金融危机发生时，泰国曼谷的人均生产率只有美国旧金山的1/12左右，但曼谷的地价却并不低于旧金山。全球经济一体化的日趋明显，经济增长仍然基本依托自然的资源要素，丝绸、茶叶、景泰蓝、陶瓷和中国传统医学，这些一提到中国就会想起来的产业，已纷纷落马。全球年销售中药达 160 亿美元，中国只占不到1/20 的份额。这些落后的症结在于缺乏技术上的创新。现在，国内市场的国际化程度不断加深，大到德国的汽车，小到日本的指甲刀，韩国的方便面，应有尽有。长期以来依赖的中国传统产品的出口能力下降，如茶叶、丝绸、陶瓷等，由于技术落后也失去了一些市场竞争力。在这样的国际、国内背景下，可以说科技进步和技术创新，决定着国家发展的前途和命运。技术创新并非纯粹的科技概念，也不是一般意义上的科学发明和发现，而是一种新的经济发展观，通过技术创新把科学技术转变为产业竞争力，转变为整个国民经济竞争力。在计划经济体制下科技与经济相分离，人们习惯于以单纯的科研水平来论科技进步，这种思维定式割裂了科技与经济的关系。市场经济提醒人们注意技术上最优，经济上未必最优的现实。有些科技成果虽然各项科技指标优越，但由于成本过高或缺乏产业化条件，并不能成为商品，永远不会获得市场回报，只能停留在高水平的样品和展品阶段。

技术创新可以"四两拨千斤"

技术创新是以市场为导向将科技潜力转化为经济优势的创新活动，包括从新思想产生到技术开发、产品研制、生产经营管理、市场营销和服务的全过程。目的是提高企业的经济质量、经济效益和市场竞争力，促使新产业迅速崛起、经济结构优化以及生产力质的飞跃，实现国民经济持续、快速、健康发展。加强我国的技术创新，就是要从国情出发，解决好科技与经济结合的问题，实现科技发展目标和经济发展目标的统一，既要解决当前经济和社会发展中的难点问题，也要迎接国际激烈竞争的挑战。科学发现和技术发明只有通过转化为现实生产力，才能最终发挥出对现实经济和社会发展的推动作用。科技转化为生产力，科技产业化是关键，产业化的根本目的是提高科技对经济增长的贡献率。技术创新包括产品创新、过程创新、开发创新等技术领域的创新，也包括组织创新与制度创新等管理领域的创新。技术创新只有突出地表现为产品创新，才能形成经济循环。技术创新始终要抓住产品创新这个大方向。一个国家，一个民族，只有坚持产品创新，其经济发展才能不断充满生机和活力，才能不断扩展本国本民族的生存空间。在这方面日本经济的起飞是世界技术创新的典型例证。战后的日本，在经济上和中国 20 世纪 50 年代初不相上下。尽管中国的经济建设成就也令世人称赞，但与日本相比，中国还是在第三世界里，日本则排在世界发达国家之列。可以看出科学技术对经济发展的有力作用是"四两拨千斤"。关键要找准其中的支点。借用物理学中的杠杆原理来比喻科学技术的作用，既形象又生动，杠杆的支撑点就在于技术创新。因此依靠科技进步，开展技术创新，就能使"四两"拨动"千斤"，从而更好地发挥技术创新的作用。技术创新是个动态的过程，企业所面临的环境也在不断变动，在知识经济中技术创新起着核心的作用。面对知识经济的挑战，只有通过技术创新将知识植入经济，才能更有效地推动知识经济的发展。

技术创新的主体

企业家一词最早见于 16 世纪的法语文献，主要指武装探险队的领导，包括航海开拓殖民事业的冒险家。1803 年，法国经济学家萨伊乔第一次比较科学地将企业家当做一个重要的经济因素引入经济学。他指出，"一个成功的企业家必须要有判断力、毅力和包括商贸在内的有关这个世界的广博的知识以及非凡的管理艺术。"英国经济学家马歇尔认为，企业家"这一名词来自亚当·斯密，而惯用于欧洲大陆，用它来指那些把企业的风险和管理看做自己在组织工业工作中应尽的本分的人，似乎是最适当不过了。""企业家最初只是组织供应，而不监督工业，后来才把它们的工人集中在工厂中。"在 19 世纪末叶的美国经济学文献中，有的学者将承担风险作为企业家的特征，并将它与劳动、资本、土地并列为生产要素。在萨伊乔看来企业家是"专门打翻和瓦解旧有的一套的人"。正如熊彼特所说的：企业家的任务是从事"创造性的破坏"。他突出强调了企业家的创新职能。德鲁克提出："创新是企业家的具体工具，也就是他们借以利用变化作为开创一种新的实业和一项新的服务的机会的手段。"企业家还具有很强的机会意识，重视寻找和利用外部机会，并从外部机会中受到创新的启示，而且善于对机会进行风险估算，进行果断的风险决策。这些品格，既是企业家进行创新决策的能力因素，又是企业家自身受他人尊重、信任和自觉服从的人格力量，从而保证了决策权威的真正实现。现代决策学派的代表西蒙认为，决策贯穿于企业各个方面，是企业经营的核心。同样，在技术创新活动中，各项工作都离不开决策。技术创新过程的每一阶段，都要根据技术创新的情况变化，通过认真仔细的评估，慎重果断适时地做出相应的决策。技术创新决策涉及众多的内外部因素，其中决策主体是进行技术创新决策的能动要素，他既是创新决策活动的组织者，又是创新决策方案的推动者。企业是技术创新的主体，是市场竞争的主体，因此企业自我积累、自我创新、自我发展的意识非常强烈，自觉地对研究开发活动投入大量的奖金和人力。贝尔公司的开发人员就占公司人员总数的32%，ABB公司在300人的总部研究中心中就有100人是博士。发达国家企业在人才和资金上的强大优势，为企业的技术创新奠定了良好的基础。技术创新决策是创新决策主体对整个创新过程涉及的创新目标进行优化设计和付诸实施的行为过程。创新决策主体必须了解和掌握与创新方案和创新行动相关的信息，才能做出科学的创新决策，以求得技术创新的最佳效益。同时，创新决策主体还必须具备创新决策权力与决策能力。在社会主义市场经济条件下，满足上述条件的创新决策主体主要是企业家。技术创新的主体应该是企业。只有在企业中，科技成果才能最终进入生产过程，科技发现和发明才能转化为生产过程中的变革，才能将科技成果变成生产力。所以，为了推动技术创新，必须从企业改革与发展入手，靠市场牵引的力量使科技成果顺利地进入生产过程。全社会都能正确地认识技术创新的复杂性，全方位地采取措施增强企业的技术创新能力。加强技术创新是一项极为艰巨而复杂的系统工程，需要全社会的共同参与和支持。人民群众中蕴藏着巨大的创造力，永远是推动社会进步的主人翁。要采取积极措施加以鼓励和引导，使各方面力量都能在技术创新中大有可为、大有作为。求木之长，必固其根；欲流之远，必浚其泉。要保持我国国民经济持续、旺盛的生命力，就必须大力加强技术创新。现代企业制度下竞争规范的变革与相应法律的出台，决定了企业家能够成为自主地进行技术创新决策的主体。既具备创新决策能力，又具备创新决策权力的企业家，在现代企业制度下，就成了完全意义上的技术创新决策主体。企业家的创新决策活动，是由创新认识向创新实践转化的必要环节，是创新认识向创新实践飞跃的桥梁，它超越了抽象的理论形态，进而成为具有强烈现实感的实践意识，而创新实践正是这种实践理念的目的的实现。

政府引导是技术创新的推动力

发达国家建立的有利于技术创新活动相互配套的技术创新政策，起到了巨大的推动作用，并通过国家财政补贴制度，促使企业加大技术创新的投资力度。如德国的投资补贴法，以固定资产投资中用于研究开发的投资比重作为财政补贴的依据，比重越大，补贴率越高，而且悬殊很大。以优惠的税收政策，激发企业技术创新的积极性。加拿大政府为支持高技术企业发展，为企业提供的担保部分可以达到贷款总额的90%。通过国家信用不仅利用了国内资金市场，更重要的是充分利用了国际资金市场，通过政府和市场两种资源，大大拓宽了融资的渠道，有力地支持了企业的技术创新。通过低息贷款，设置风险投资基金，促进企业的技术创新。发达国家政府除在政策上支持和推动企业技术创新外，还制定有关的法规去规范企业的技术创新活动。建立负责企业技术创新的组织，以及对企业技术创新提供信息和技术服务等举措，也对企业的技术创新起到了很好的促进作用。日趋激烈的全球化的竞争环境和日趋成熟的全球信息化，使产品的更新换代速度越来越快，技术含量越来越高。高新技术的开发是一项费用高的工作，因此在企业的技术创新过程中，联系更为紧密，企业之间既是竞争对手，又是合作伙伴，建立了共赢的新型关系。发达国家对产学研的合作也予以高度重视，建立了为产学研服务的机构和良好环境，以鼓励高等院校、科研机构和企业进行合作研究，并发挥通过技术引进提高企业技术创新能力的作用，重视引进技术的消化、改良和推广，重视技术创新与技术引进的有机结合。博采众长、广为我用已是发达国家的重要手段。在当今激烈的市场竞争环境下，企业力求在某些方面确立自己擅长的工作，以拥有的核心技术，通过迅速有效地集成其他企业在技术、信息和制造资源等方面的优势，快速占领较大的市场份额是发达国家企业技术创新的一个明显特点。这些都可以借鉴，以更好地推动我国技术创新的进步。

二、技术创新的功能

技术创新是科技进步与经济建设的结合点，是科学技术实现其第一生产力功能的重要环节，也是提高经济增长质量的关键。因此，它在社会主义市场经济体制建设过程中具有不可替代的作用，也是实现科教兴国、增强综合国力的根本出路。应该重视技术创新的功能，促进技术创新活动的深入发展。

技术创新的发展功能

最初的人类经济是资源承载能力极低的采集经济和狩猎经济。随着人口的增长这些经济越来越难以为继了，人们不得不将采集来的植物种子进行种植，饲养和繁殖捕获到的动物，而不是马上食用它们，于是形成了原始种植业经济和游牧经济，将资源承载力提高了一大步。在单一的农业经济中，可利用资源的范围是非常狭窄的。为了更好地满足人类持续增长的各种需求，人们对资源效用的探索越来越深入，完成的技术创新越来越多，纳入可利用资源范围的资源也越来越多。人类最初使用的是生物能源，鉴于生物能源的稀缺性逐渐提高以及生物能源的能级难以升级，人们不得不寄希望于利用新能源的技术创新，并先后把煤炭、石油、核能、太阳能纳入能源的范畴。人类的历史就是依靠技术创新扩大可供利用资源的范围，确保社会和经济发展可持续的历史。在知识体系很不完善、技术创新能力很低的漫长岁月里，人类往往采用消极的平衡方式来摆脱不可持续的困境。早在100多年前，马克思就从产业间技术创新的差异来认识或解释工农差异。他认为，物理学特别是机械学的率先发展，是工业发展领先于农业的主要原因。当生物科学的发展逐渐赶上物理学、机械学的发展，这种局面将会逐步消失。21 世纪将是生物科学、生命科学的世纪。随着工农业科技发展水平差异的逐渐消失，工农业差别也将逐渐消失。科技成果转化为生产力关键在于转化，这是技术创新的一个重要环节。科技成果不能自然而然地变成生产力，它不可能自然地长入经济、进化为生产力，要与其他因素相结合才能变成生产力，这就要求科技成果走出自身所处的领域，走向社会其他部门。尽管技术创新是科技成果转化为生产力的过程，或者说是科技长入经济的过程，但科技成果只是其源头，还不是技术创新的浩瀚江河。

技术创新的经济功能

不同时代经济增长中的主导因素是不同的，农业社会中劳动投入是经济增长的主要因素，现代工业社会中资本投入上升为制约经济增长的主要因素。而在20 世纪尤其是二战以来的当代社会中，技术创新和技术进步开始上升为经济增长的主导因素，技术进步构成了经济增长的主动因。当代科学技术和技术创新活动的蓬勃发展，导致了第四产业的兴起。进入 20世纪 70 年代以来，随着微电子技术和相关信息技术领域中技术创新活动的迅速发展，一种以信息生产和服务为核心的信息产业即第四产业开始出现。信息产业具有科技密集度高、技术创新能力强和生产管理自动化程度高等特点。它的兴起不但使产业结构的链条得以向前延伸，而且也显示了在当代经济发展中，高新技术创新活动已经不再是经济发展的结果，而是变成了产业发展和经济发展的原因。资料表明，现在美国有关信息部门的 GDP 的比重达到了80%，每年GDP 的增幅中1/3 来自以数字化和网络化为特征的信息产业。即使是古老的农业，也因为依靠电子信息技术建立各类农业数据库，运用计算机和传感装置进行自动监测和调控，为高产稳产提供了极大的帮助。高新技术产业还催生了一批新的"边缘产业"，如生态园区产业、城市景观产业、多维媒介产业等，从而进一步带动了社会产业结构的调整。像德国的汽车工业将信息技术、机器人和 CAD 技术应用于整个生产过程，使汽车业不单是个制造业，更像是一个"以智慧为基础"的服务业。技术创新导致新兴产业和新兴技术在经济发展中越来越占据主导地位，对于宏观经济效益的实现发挥着中心的作用。因此，必须加强技术创新，发展高科技实现产业化，形成具有中国特色的技术创新之路。既坚持对外开放，充分学习和借鉴国外先进技术和文明成果，又大力强化自主创新，实现在较高水平上的技术跨越。在技术创新和发展高科技、实现产业化问题上，不能亦步亦趋，而是要抓住新科技革命提供的良好机遇。人们要善于抓住机会。人们的身边不是没有机会，关键就是每个人不同的认识能力和生活感知范围的限制，有的人发现了机遇并抓住了机遇，有的人却和机遇擦肩而过，这样就构成了不同的命运。强者创造机遇，弱者等待机遇。有这样一句名言，"机遇偏爱有准备的头脑"。机遇是偶然的，而偏爱谁是必然的。机遇偏爱谁，这是偶然中的必然。司空见惯的事情太多了，你要能看到别人看不到的东西，想出别人想不到的东西。也就是说要留心意外之事，机遇就会到来。春秋时代的著名工匠鲁班，在上山伐木时被茅草划破了手，这是一件很常见的事，然而，他由此想到可以制造锯这种工具。人类的一些重大发明，如疫苗的发现、原子裂变规律、万有引力定律、浮力定律等均得益于这一方法。15 世纪，意大利航海家哥伦布在开辟新航道的过程中发现新大陆，当时不少权威航海家断定，不存在新航道，更不存在新大陆。而哥伦布却与传统航向背道而驰，向西横渡大西洋，终于发现了美洲大陆，获得成功。他成功后引起了不少非议。有人轻蔑地对哥伦布说："你发现了新大陆，这并没什么了不起，这是任何人都能做得到的最简单的事。"哥伦布听后淡然一笑，他没有直接回答，只是顺手拿起一个鸡蛋，让他把这个鸡蛋竖立在这个光滑的桌子上，那人接过鸡蛋竖来竖去，怎么也竖不起来，其他人也试了仍然不行。哥伦布接过鸡蛋，轻轻地把蛋往桌上一磕，鸡蛋就竖起来了。那些人仍是不服气，"这是很简单的事，没什么了不起，鸡蛋碰破一点本来就可以竖起来。"哥伦布回答得很好，他笑着说："许多事情本来就是很简单，关键是不能熟视无睹，要有一双善于发现的眼睛，要长于思考，勇于探索，就能发现，差别就这么一点。"很多时候就是这一点之差，就能决定成功与失败，就可能抓住机遇，就可能发现新的东西，就能够分出凡人与智者来。清代著名书画家郑板桥那独具风韵的字体就得助于妻子的平常的一句话。一次他研究字形结构入了迷，便在妻子背上画来画去，妻子风趣地说："要练字么？你有你的体，我有我的体，你老在别人体上画什么！"郑板桥听后恍然大悟，终于在书法上创造了"郑板桥体"。生活中可能就是一句话，一个动作，如果你注意到了，把握住了，可能就是一个转机。机遇存在于顺境中，也存在于逆境中。不过逆境中的机遇更为难得，更加可贵，更永久。在逆境中寻求发展的机遇更加需要正视困难的性格和毅力。很多人在不顺的时候就容易放弃，这个时候也许机会就溜走了，但是只要坚持住了，也就抓住了。三国时期，曹操与张绣、刘表大战于安众，双方相持不下。这时，曹操突然接到探报，说袁绍准备偷袭他的老巢许都。曹操大惊，撤军回救。张绣、刘表得知这一消息后准备追击。谋士贾诩说道："不可追击，追则必败。"张、刘不信，引军追之，果然大败而回，张刘二人后悔不迭。贾诩这时却说道："现在可以再率兵追曹，必能获胜。"张绣听从了他的建议，再次追击，果然获胜。刘表对此感到不解问贾诩："前者我们以精兵追退兵，先生说必败；后者我们以败卒打胜兵，先生又说必胜。两次预言全都得到了实现，这是怎么回事呢？"贾诩笑道："这太容易了，前者虽撤，必有防备，我军因此不能取胜。而后者胜利以后认为追兵不会再来，放松了警惕，因此再追必能克敌。"这一件事告诉我们，事物总是在转化的，但是关键是要抓住事物在转化过程对自己有利的方面，这样才能从不利的局面赢得主动、赢得机遇。1999 年台湾发生大地震，使占全球约 12% 的芯片、75% 的主板及 40% 的笔记本电脑产量的台湾电脑业遭受重创。一直作为台湾强劲竞争对手的韩国芯片商，立即敏锐地察觉到这场天灾给他们带来巨大的市场机会，于是迅速调整生产及营销计划，全力抢占市场，结果销售额激增。联想总裁柳传志 2000 年 4 月 5 日在谈到联想大规模结构调整时指出，调整的最根本目的就是主动迎接以互联网经济为代表的时代挑战。一方面，随着 WTO 的一天天临近和国内上网人数的激增，中小企业网络应用需求迅速增加，并且大量企业的网络应用，要从初级向更高层次过渡。可以预见，中国将成为国内外网络厂商纷纷抢滩的大市场，联想当然不甘落后。另一方面，市场的发展对传统的工厂产业提出了全新的挑战。电子商务的出现，对联想代理分销体系是个强大的冲击。因此，及时有效地向电子商务转向，并为自身和其他厂商提供全面的系统集成解决方案，是联想为之努力的方向。这次调整使联想在网络信息服务和信息产品技术方面迈出了一大步。越是能抓住机遇，就越是主动，越容易获得进一步发展的条件，越是抓不住机遇，就越是被动，越容易丢失进一步发展的机遇。正所谓"一步跟不上，步步跟不上"。古人说，"难得而易失者，时也；时止不旋踵者，机也。故圣人顺时以动，智者因机而发"。世界最大的微处理器生产商英特尔公司总裁安德鲁·葛洛夫在其新著《只有偏执狂才能生存》中说："在 10 倍速变化的时代里，企业领导者要随时察觉身边的变化，而且知道是什么在变，知道怎么去适应变化。"一定要顺时以动，因机而发，牢牢抓住机遇，充分发扬社会主义制度集中力量办大事的优势，充分发挥广大科技人员的无穷智慧和创造力，在一些关键产业和重点领域取得突破。要发展具有我国自主知识产权的高技术产业，加快高新技术对传统产业的改造，促进社会生产力的跨越式发展，大幅度提高综合国力和国际竞争能力。技术创新是市场经济的产物。如果没有从计划经济体制向社会主义市场经济体制的变革，就不能有真正意义上的技术创新。通过深化经济体制改革，加快建立现代企业制度步伐，健全企业技术创新机制，从根本上确立企业技术创新的主体地位，激发企业以创新图发展的内在动力。通过深化科技体制改革，强化面向市场需求和国家安全的研究开发，促进广大科技人员进入产业竞争的前沿创新。培养和提高全民族创新精神、创新意识和创新能力，在全社会形成崇尚创新、鼓励创新、投入创新的良好风尚，造就大批懂管理和掌握现代科技知识的新型人才。

技术创新的文化功能

时下有这样一句话："财富不能创造文化，文化却能产生财富。"技术创新的文化功能是明显的，它具有当代社会发展的文化变迁和更新效应，主要是通过文化示范效应的发生和接受这两个过程及其互动而实现的。这两个过程本质上是由于文化所具备的生机控制性以及特殊功能所致。文化的生机控制性的含义是指，当一种文化所掌握的资源越多，其生机控制力就越强，谋求独立自主生存和发展的契机就越有利。

反之，文化的生机控制力就越弱，谋求生存和发展的契机就越不利。当一个社会由于实现了成功的技术创新行动并导致其在科学技术和经济发展水平上占有很大优势的时候，与之相伴随的文化便有了高度的生机控制性。正是由于文化所具有的生机控制性以及技术创新在维持和提高这种生机控制性中的特殊作用，导致了技术创新行动能够产生一种文化上的示范效应，并经此去启动文化变迁的过程。由技术创新优势所建构出来的外来文化的示范效应就会通过文化的模仿和攀比机制而发生，而在逐渐地适应和整合这种文化示范效应的过程中，一种文化上的变迁过程也就不知不觉地发生了。有一个名人效应的故事，一个出版商有一批滞销的书久久不能脱手，便给总统送去一本，并三番五次去征求意见。忙于政务的总统不愿与他多纠缠，便回了一句："这本书不错。"出版商便大做广告："现有总统喜爱的书出售。"于是，这些书被一抢而空。不久，这个出版商又有书卖不出去，又送了一本给总统。总统上了一回当，想奚落他，就说："这本书糟透了。"出版商闻之，又做广告："现有总统讨厌的书出售。"又有不少人出于好奇争相购买，书又售尽。第三次，出版商将书送给总统，总统接受了前两次的教训，便不做任何答复。出版商却大做广告："现有令总统难以下结论的书，欲购从速。"居然又被一抢而空。总统哭笑不得，商人大发其财。可以看出名人效应也是一种文化效应，这里只不过是被滥用了。但文化效应和功能的作用是不能低估的。在当代科技和经济一体化进程加快的背景下，由创新扩散所形成的文化示范效应及其所造成国家的文化变迁过程较之以前表现得更加显著而快速，这从人们日常的服装文化、饮食文化乃至价值观念等方面的变化上均可以具体明显地看到。

三、希望在于技术创新

创新系统包含知识创新、科学创新、管理创新、技术创新等。根据我国社会经济发展水平，当前要首先和着重提出技术创新，因为技术创新是知识创新和科学创新的直接实现，也是科技进步的基本标志。

需求是技术创新的源泉

技术创新是一项系统工程，要从经济发展的全局上把握这项工作。把技术创新作为系统工程，要注意创新的整体运作，而不能仅从技术角度单一地去抓技术创新。技术创新不同于发明创造，也不同于技术革新和技术改造。成功的技术创新是建立一种技术创新工程，使技术创新的各方面齐头并进，共同发展。在技术创新的概念中，既有产品、技术，又包含市场、管理和组织等方面。把技术创新内涵所涉及的各方面都解决好才能切实推进这项工作。科学技术为技术创新开路已成为人们的共识。没有科学的强大后盾，技术创新很难进行或者水平不高，抓技术创新，必须首先抓好科技和教育。技术创新主要是由市场需求拉动的。企业或行业搞技术创新，实质上是发展战略的调整，调整的基点不仅是企业自身需求，重要的是消费者和市场的需求。创新主体要树立以满足人们的消费愿望和市场需求及提高市场占有率为目标，提高技术创新的效益。可以说，没有市场拉动就不会有真正意义的技术创新。搞技术创新必须把创新同市场开发结合起来，认真地进行市场调研和论证，只有被市场所接受的创新才能被社会和消费者所认定，企业才会有动力，创新才会有现实意义。美国硅谷集中了一批中国工程师。人们说，硅谷的公司中没有美国人并不稀奇，而没有中国人则是罕见的。从事电脑研究开发的最佳年龄是 20 岁到 40 岁，一大批优秀的中国人把这段黄金年华贡献给了美国企业。不少中国人去美国后作出了创造性的贡献，怎样创造条件使在国内工作的年轻人能进入某个领域的最前沿，是一项很重要的任务。把市场推到国际前沿的水平，就能最早获得宝贵的需求刺激，才有可能取得技术领先的地位。麻省理工学院是美国最富创造力的发明家大学，学院的师生走在现代科学的最前沿，他们在这里创造美国公司赖以占领全球未来市场的科学知识。和邻近的哈佛大学不同，麻省理工学院的研究人员和工业生产之间没有隔阂，几乎没有任何一所大学能像它那样把远大抱负和追求利润紧密地联系在一起。激励麻省理工学院师生不断向前的是由学术抱负先锋精神和企业家欲望混合而成的校风。北大方正的实践表明，学术上的远大抱负与占领市场这两者，在一定的条件下可以是高度一致和相互促进的。大学是创新人才最密集、科研成果最丰富的地方。如何使大学的科技链与社会的产业链有机地连接起来，通过技术加资本的运作机制，加强产学研的合作，是我国创新机制建设面临的一个重大课题。清华同方利用"技术+资本"的模式，使大型集装箱检测系统迅速产业化，摸索了一条成功的路子。这样既加快了科技成果转化，又加快了科技企业的成功孵化。更多的实践还表明，通过在大学科技园建立各类工程研究中心群，特别是和引进国内外著名的高新技术企业在大学设立研发和中试机构，可以使之成为面向世界或全国的研发、中试基地。世界500强企业中，现已有松下、三菱、宝洁等多家企业的研发机构签约进驻清华科技园，为企业的创新活动提供了强有力的支持。

技术创新的政策体系

英国学者罗斯韦尔认为，创新政策是指科技政策和产业政策协调的结合，它是一个整合的概念。创新政策与解决当今世界最重大的经济问题最密切相关。人们还未广泛认识到这点，是因为还未完全理解创新的本质和政府对促进创新的作用。发展创新政策的目的是要把科技政策与政府其他政策，特别是经济、社会和产业政策，包括能源、教育和人力资源政策形成一个整体。创新政策是政府为鼓励技术发展和其商业化以提高竞争力的各种社会经济政策的总和，它处于经济政策的中心位置，直接鼓励创造与变化。技术创新政策不等于科技政策和经济政策，也不是科技政策和经济政策各自一部分内容的简单相加，但显然应当包括科技政策与经济政策的一些具体的措施和手段。技术创新政策是一个政策体系，是一个国家为促进技术创新活动、规范技术创新行为而采取的各种直接的和间接的政策与措施的总和。强调了技术创新政策是个政策体系，意味着其组成部分的有机联系，意味着协调和整合。强调以促进技术创新为目标的同时，也强调了规范技术创新行为。也就是说技术创新政策除了要从正面促进和推动创新活动外，还必须对创新活动中的某些行为进行必要的引导、干预和限制。这一点在我国社会主义市场经济体制的形成与完善过程中尤为重要。强调技术创新政策是各种有关政策的总和，即技术创新政策体系是以技术创新活动为对象构架的，凡涉及技术创新活动的各种政策都应纳入这个体系，并与其他政策形成有机的结合。

技术创新中制度的作用

任何一种技术创新都只能是在一定的制度选择集合的约束下进行，必须经由在一定制度环境和制度安排下活动的企业来组织和实施。而企业只有在相应的组织形式中，按照先进的研究、开发、生产和市场规则去行动，才能真正地实现技术创新行动。同时，由于技术创新本身的要求，必然导致在具体的技术创新中作出相应的制度创新，以适应技术创新的发展。技术创新作用于社会制度而引起的相应制度变革，实际上就表示了一种制度变迁和相关文化变迁过程的开始。它必然要遭到既存制度体系和相关文化规模背景的强烈反抗。然而，随着技术创新过程中所创造出来的管理制度等在社会制度体系中不断渗透和生长，以及成功的技术创新所带来的高额利润和生产力水平提高的诱导，这一切都对作出制度创新构成了强大的驱动，从而促使相关制度的供给者不断地作出调整，直至完成制度创新的过程。先进的技术创新器物是在先进的企业或组织机构中，遵循先进的科学管理方法而创造出来的，它是一定的社会结构、社会制度乃至社会文化背景的产物。因此，发展中国家要想通过从发达国家引进先进技术成果并从模仿创新过渡到自主创新的水平，还必须在引进技术创新器物的同时也引进与之相配套的制度和方法，并作出具有本土化特色的改造和加工。当然，技术创新对于制度的作用和影响也不可避免地要受到本土的制度体系的抵制，从而对技术创新产生一种排斥性反应。然而，社会制度所发生的这种排斥性反应，正反映出了一种制度变迁过程的开始，并且随着外来技术创新与本土制度体系的整合过程的深入，这种现象也会逐渐消失。为了提高制度创新的绩效，必须建立有效的制度创新环境，可不断推动我国经济增长方式的转变。

四、科技创新是决定性因素

科技创新理论随着世界新技术革命的兴起，带动了经济的巨大发展并引起许多挑战以后才丰富和发展起来。由于科学技术的发展在经济发展中起着越来越大的作用，而科技创新具有能够使科学技术与经济得到有机结合和一体化发展的根本特点。因此，科技创新能力已经成为一个国家竞争力的决定性因素，成为经济增长的直接源泉。

科技创新是人类社会具有高尚内涵的活动

科学技术是第一生产力成为全社会的普遍共识，科教兴国战略得到积极实施。早在 1988 年邓小平同志就提出了"科学技术是第一生产力"的重要论点。1995 年江泽民同志在全国科技大会上提出实施科教兴国战略。这是党中央深刻分析世界科技革命发展进程和我国社会主义现代化建设实际，作出的重大战略决策。2000 年 2 月江泽民同志提出了"三个代表"重要思想，在 2001 年的"七一"讲话中，又进一步作了全面、科学、系统的阐述，强调"科学技术是第一生产力，而且是先进生产力的集中体现和主要标志"，这些精辟的论述为我国科技事业的发展指明了方向，并奠定了坚实的理论基础。我们知道，科技创新是科研创新和技术创新的统称，科技创新是人类社会具有高尚内涵的基本活动之一。人类文明、科技进步、社会发展、经济繁荣，在一定意义上讲，都植根于科技创新。科技创新是人类文明进步的重要动力。由于科研创新及其推动的技术创新的长足进步，使生产力发生了质的飞跃，整个产业结构、经济结构有了根本性改变，人类的视野得到了前所未有的拓展，从而推动了人们的价值观念、思维方式的改变，极大地丰富了人类文明宝库，也为人类社会的可持续发展开辟了广阔道路。科技创新关系着一个国家的兴衰。可以说经济发达国家与经济落后国家的差距，实际上是科技创新能力上的差距，要消除二者之间的差距，必须走科技创新之路。据统计，发达国家40%—90%的经济增长，可归因于技术进步、知识积累和创新。科技创新是实现经济增长方式转变的突破口，是获得高质量经济增长的唯一途径。经济增长既有数量上的扩大，又有经济系统质量上的改善。这种质量的改善，主要表现为产品附加值的提高和资源耗费的降低。资源浪费已成为抑制我国经济高质量增长的严重障碍。而这个问题的彻底解决，只有依靠不断地实施科技创新。因为企业只有产品创新和工艺创新，才能用先进的设备和工艺武装自己，才能根本改变自身固定资产的陈旧落后面貌，进而才能解决资源浪费问题，才会有较高质量的增长方式。随着我国社会主义市场经济体制的逐步建立，市场将在资源配置中日益起到基础性作用，竞争成为促进资源优化配置的重要手段。当代经济正在呈现世界经济一体化、主导生产要素智能化、资本投入无形化和经济发展持续化的新特点。在经济日趋全球化的大背景下，一个国家只有参与国际竞争才能获得经济上的发展。以传统制造业为主体的产业经济，在同以高技术为主导的知识经济的较量中，越来越处于劣势。增强竞争力是一切发展的核心问题。各国产业发展的历史证明，由科技创新引发的结构性调整标志着更高形态的产业结构的形成，高级化的产业结构必然提供更高的产业效率，从而确保经济发展的质量。创新能力的强弱，是决定竞争能力的关键。创造性是人们创新能力的体现，应充分发挥其作用，如仿生创新法通过对自然界生物机能的观察、分析和类比，创新设计新产品。这也是一种最常用的创造性设计方法。仿人机械手、仿爬行动物的海底机器人、仿动物的四足机器人、多足机器人，就是仿生设计的产物。由于仿生法的迅速发展，目前已形成了仿生工程学这一新的学科。使用该方法时，要注意切莫仿真，否则会走入误区。众所周知，飞机的发明源于对鸟的仿生研究。仿生创新法是利用生物运动的原理创新设计的一种好方法。有人在研究小蚂蚁为什么能拖动比它身体重 700 倍重量的物体，还有人在研究跳蚤为什么能跳那么高，还有蝙蝠发出的超声波、信鸽的定位和定向功能等大自然的许许多多的奇妙生物现象，正在引起世界科学家的极大兴趣。仿生创新法将会得到更加广泛的应用。

科技创新是全民族具有优良素质的具体体现

科技战线必须与时俱进，以观念创新为先导，以体制创新为保证，以机制创新为动力，进一步深化科技体制改革，加快科技事业的发展，为社会主义现代化建设提供强大的科技支撑。我国已经进入全面建设小康社会，加快推进社会主义现代化的新的发展阶段。"十五"计划提出，我国经济和社会发展要以改革开放和科技进步为动力，这就对科技工作提出了新的更高的要求。江泽民同志指出：原始性创新孕育着科学技术质的变化和发展，是一个民族对人类文明进步作出贡献的重要体现，也是当今世界科技竞争的制高点。世界历史发展充分证明，一个国家经济的崛起总是与科技创新及其在产业领域的应用密切相关。谁能在科技上不断创新，在新的产业领域有所突破，谁就能获得较快的经济增长。经济后进国家只要能抓住机遇，选择适当的发展战略，依靠科学技术跨越实现社会生产力的跨越式发展是完全可能的。长期以来，我国在产业技术和高技术研究发展中，主要立足于跟踪国际先进水平。当今世界国际竞争日益激烈，科学技术从创新到应用的周期越来越短，以模仿为主的发展思路，将难以越过发达国家及其跨国公司日益强化的技术与专利壁垒，长此以往必然会在产业升级和结构调整中受制于人。目前，一些科研单位存在着盲目跟踪和一味追求所谓完全创新两种倾向。当代自然科学研究正在飞速发展，任何国家包括发达国家都不可能在所有领域实现创新，只能在部分项目上居于前列。企图完全创新全面赶超是不现实的，也不符合科研发展的规律。跟踪研究常常是创新的先导，特别是在关键的高新技术方面，往往需要从跟踪起步。但绝不能盲目跟踪，单靠技术引进，被别人牵着走。必须清醒地看到，在目前国际科技竞争越来越激烈、科技保密和封锁日益加强的条件下，任何国家都不可能把最先进最关键的创新成果拱手转让给别人。因此，既要跟踪又要有一批科研人员去从事这方面的探索和研究，不断提高自主创新能力。只有这样，在国际上有了重大发现的时候，中国才能较快地赶上。因此，选择我国有一定基础和优势的重点领域寻求原始性创新，对一些重要的关键技术进行自主创新与集成，实现核心技术、关键技术的跨越式发展，是在新世纪加快科技发展的必由之路。要鼓励科技工作者立足世界科学发展前沿，紧密结合国家需求，开展基础研究。在加快原始性科学创新方面，要充分运用和发挥各方面的重要力量。要采取有效措施，积极鼓励和支持企业以及小单位、小人物的创新活动。世界经济发展的一个明显趋势，就是科学技术发展日新月异，科技在经济发展中的作用越来越大；高科技向现实生产力的转化越来越快，高新技术产业在整个经济中的比重不断增加；经济与科技的结合日益紧密，国际间科技、经济的交流合作不断扩大，产业技术升级加快；国际经济结构加速重组，科技、经济越来越趋于全球化。

科技革命创造了新的技术经济体系，产生了新的生产管理和组织形式，推动了世界经济的增长。各国更加重视科技人才，教育的基础作用愈益突出。面对这样的形势，各国特别是大国都在抓紧制定发展战略，抢占科技和产业的制高点。对此，如果认识不清甚至茫然无知，就把握不住时代的脉搏，难以有新的开拓。在世界科学技术革命面前，只有紧跟时代潮流，奋发有为，才能走向繁荣昌盛，走向文明进步。世界在变化，我们的思想和行动也要随之变化。要充分估量未来科学技术，特别是高技术发展对综合国力、社会经济结构和人民生活的巨大影响，以科学的态度和方法，认真对待新技术革命带来的挑战和机遇。要使我国科技迅速发展，屹立于世界民族之林，首先要解放思想，更新观念，牢固树立科学技术是第一生产力的指导思想。科技创新必须观念创新。观念创新包括对创新模式、创新机制、创新体制、创新条件以及政策与环境、创新的组合方式等方面的内容。观念不断更新就能形成一套切实可行的创新思路与办法。要树立市场观念，以满足用户需要为前提。科技创新的最根本要求是满足人们不断增长的物质和文化生活需要，离开社会需要，科技创新就失去了目标、动力和源泉。因此科技创新要以市场为导向，以提高产品的竞争力为目的，以名牌产品为龙头，实施名牌战略。名牌产品与科技进步永远相辅相成，名牌之所以成为名牌，就是其产品品质在一定范围内独占鳌头，而其优秀品质的基本保证就是科技创新。

科研创新是认识自然改造自然的有效方法

创新理所当然地成为科学劳动最重要和最明显的特征，是科学研究的灵魂和目的所在。凡是在科研中取得有科学价值的新成果并得到社会承认的，都属于科研创新的范畴。科研创新是人类文明进步的重要动力。事实证明，没有自然科学研究的创新，就没有新兴技术。要发展技术就要找到技术发展的规律，掌握其技术基础进行科研创新。要发展经济，就要重视发挥科研创新的关键作用。在现代，它不仅要求具有善于思考和创新的科学家，尤其要求有组织的科学家群体参与，开展学术交流及协同合作。如一个高层次的实验组，就有几百名博士以上的科研人员参加，这是科研创新日益现代化和社会化的结果。大批科技人才就是在科研创新实践中成长起来的。国际经济竞争已越来越明显地表现为科技和人才的竞争，特别是科技创新能力和创新人才的竞争。要想在竞争中取胜，就要下决心提高科研创新能力，促进经济、科技和社会的发展，否则，就将在综合国力的竞争中处于劣势和被动地位。科研任务、科研经费明显不足，有许多科研人员只是单纯地为拿到课题而申请课题，无论是否适合自己的专业或是否与自己的专业有关，致使有些科研工作不得不改变研究方向或不得不从头起步。这就很难保证科研工作沿着一定的方向不断地深入或拓宽。科研人员的层次不够、素质不高也是制约科研发展的问题，而且还经常发生笑话。正如一个故事中讲的民间想象中的权贵，包含着幽默，更包含着普通人当时最大的向往。从前有一对乡下夫妻在门口纳凉，老婆问："当家的，皇上天天上山打柴用的一定是把金斧子吧？"老公冷笑道："蠢婆娘！当了皇上还用打柴吗，他老人家一准儿天天在院子里摇着扇子乘凉，喝小米粥还有人伺候着呐！"估计，摇着扇子喝小米粥，就是这位老农最高的理想。贾平凹讲了西安南郊两个老人年轻时的笑话，说当年"大芳"照相馆橱窗里有蒋介石的巨幅照片，两人见了就大发议论，其中一个是这样说的："不知道蒋委员长一天吃的是什么饭，肯定顿顿捞一碗干面，油泼的辣子调得红红的。哼，我要当了蒋委员长，全村的粪谁都不给拾，那全是我的。"估计，拥有拾全村粪的权力，就是这位农夫最大的愿望。现实中有的科研单位研究人员素质一般，要求标准低，层次不高，严重地影响着科研工作的正常开展。也有的科研人员因经费问题，不得不从事与本身的科研毫无关系的工作。有的科研单位不用说"打仗",就是"养兵"也很困难。每一个科研单位都可以称其为是一个小社会,单位的主要领导用于非科研工作或与科研工作关系不大的精力占很大一部分,很难集中精力抓好科研工作。在具体的管理工作中,上级主管部门对做出成绩的主要人员给予表彰不够,起不到对其的鼓励和鞭策的作用。对所属的科研单位的发展目标不够明确,单位的发展方向、任务和要求等都是自行确定,由于单位主要领导的专业差异,往往造成新一任的领导轻易改变前一任领导所制定的机构发展方向和目标,致使有些科研单位的发展方向摇摆不定。科研单位相互之间自我封闭、互不沟通,由于科技力量的分散,使一些重大的理论问题或重大的关键技术问题很难有所突破。科研人员只有遵循唯物辩证法的一般规律,对研究对象进行艰苦的探索,找出事物发展变化的特殊规律及该对象同其他事物之间的联系,才能有所发现,有所创新。在通过现象发现问题的过程中,最值得注意的是异常现象。所谓异常现象,是在一般情况下不可能出现而只有在特殊情况下才会出现的现象。异常现象之所以重要,是因为在本质和现象之间存在相对应的关系。有了异常的本质就会表现出异常的现象;有了异常的现象,其背后也必然隐藏着异常的本质。所以,只要抓住了异常现象,就能提出寻求异常本质的问题。英国细菌学家弗来明在研究葡萄球菌的时候，由于一时疏忽没有把培养器的盖子盖好，使葡萄球菌受到了感染。当他正要把这些无用的东西扔掉时，却看到了一种异常现象，即在被污染的灰绿色花附近出现了液状物质，经显微镜观察，这里的葡萄球菌已被杀死。这个现象使弗来明大为惊异，究竟是什么东西杀死了葡萄球菌呢？正是这个问题引导着弗来明进行深入研究，从而发明了青霉素。德国医生海林和俄国医生明科斯基为研究消化功能而切除了一条狗的胰脏，此后他们看到了一种异常现象，即这条狗撒出来的尿总是招来成群的苍蝇。一般的狗尿是不会招来苍蝇的，而这条狗的尿为什么会招来苍蝇呢？两位医生抓住这个问题穷追不舍，通过化验，得知这条狗的尿里含有大量糖分，由此发现胰脏功能与糖尿病的联系，并导致了用胰岛素控制糖尿病的发明。有的人不了解异常现象的意义，在异常现象发生时视而不见、充耳不闻，结果提不出任何问题，因而丧失了创新的良机。这种教训必须认真吸取。

智力比知识更重要，素质比智力更重要，品德比素质更重要。

第八章　创新人才

一、创新呼唤人才

创新是知识经济发展的强劲动力，知识经济的竞争实质上演变为知识创新和技术创新的竞争，从根本上说，是创新人才的竞争。培养和吸引创新人才成了人们关注和下力解决的问题。

培养创新人才是一项紧迫的任务

创新是人类历史进步的本质，是人类在不停地改造世界的同时也改造自身从而不断获得进步的历史。创新能力是衡量历史的基本尺度。如果说这些在以往的历史中是以慢节拍发挥作用的话，那么在今天则以更快捷、更强大的作用呈现在面前。如果说 19 世纪的三大发现和 20 世纪的四大发现展示了科技的强大作用和潜力，那么，21 世纪科技的加速发展，引起生产力诸要素结构内涵的革命，必将对经济增长、社会进步产生巨大的推动作用，并给人类的生产方式、生活方式和思想方式带来革命性的变化。科技大发展，人才最关键。这几年，在饮料市场上演出的一场资本大战中，本土知名品牌如乐百氏、健力宝、旭日升、椰风等在苦苦挣扎，而国际巨头可口可乐、百事可乐、法国达能等趁势发威，攻城略地，可谓是春风得意。本土企业在痛定思痛总结教训时，除了谈到在资本规模、体制模式、营销体系、管理制度等方面的缺陷外，都讲到了人才匮乏的问题。健力宝前老总李经纬深有感触地说，健力宝最大的问题就是缺乏人才，尤其缺乏中层干部以上的人才。李经纬的话可以说是一语中的。面对创新人才的巨大需求，人才的竞争会异常激烈。特别是在我国加入 WTO 后，为了在市场开放的条件下通过提高企业的竞争力获取市场份额，人力资源就成为最稀缺的资源。因为企业之间的竞争，归根结底是人才的竞争。谁拥有大量高素质人力资源，谁就拥有持续创新能力，谁就具备发展知识经济的巨大潜力。相反，谁缺少科技储备和创新能力，谁就失去知识经济带来的机遇。世界各国尤其是发达国家不约而同地加强了对人才的培养和竞争。尽管各自有着独特的教育构想和科技发展战略，但都强调以全球的眼光，争一流的意识，站在国家发展前列

的精神来培养创新人才。创造和优化促进人才成长和
吸引人才的环境是首要任务，尊重知识，尊重人才是
关键。要营造良好的社会氛围，创造人尽其才、才尽
其用的社会环境。更新人才观，自觉地爱护人才，合
理地使用人才，最大限度地调动人才的积极性。抓好
人才的教育和培养。日本丰田汽车公司的员工教育有
三个重点：培育独创能力；促进员工养成积极的进取
精神；让员工深深感觉到自己是企业的主人。正因为
这些优秀企业拥有这种系统化、严格化的在职教育，
因此，使企业发展拥有强劲的创新能力，这样的经验
值得很好借鉴。高层次的人才队伍是一支特殊的人才
力量，在创新活动中具有特殊地位。贯彻按劳付酬的
分配政策，根据创新成果的难易程度、贡献大小，拉
开分配档次，重奖有功人员。努力创造条件，吸引留
居海外的科技人员回国工作或以各种形式为我国的现
代化建设服务。制定激励人才创新的政策，改革人事
管理制度，建立双向选择的用人机制，充分发挥创新
人才的聪明才智。制定平等竞争的用人政策，不看文
凭看水平，不看资历看业绩，使大批年轻优秀人才脱
颖而出。创新是一项庞大的系统工程，必须动员广泛
的社会力量参与其中。要动员群众、组织群众，推动
创新的不断发展，并在创新的过程中协调好各种创新
因素，求得创新效果的最佳化。创新是对旧事物的否

定，要打破旧的条条框框，不要求全责备。邓小平同志最赞赏创新精神，他在视察上海时指出：要克服一个"怕"字，要有勇气。什么事情总要有人试第一个，才能开拓新路，试第一个必然要准备失败，失败也不要紧。在坚持"四化"标准的前提下，要大胆使用有能力、有闯劲、探索创新、一心一意干事业的人。要保护锐意创新、开拓进取的人。保护他们也就是保护生产力，支持他们的工作也就是发展生产力。必须从传统的思维定式和工作方法中解放出来。亚里士多德曾说："创新思维就是从疑问和惊奇开始的。"研究者或创新者运用克弱思维的目的就在于主动寻觅已有成果的缺点和毛病，提出问题。赶超他人理论、领先中国人的技术，这是科技创造者创新的目的。克弱思维的运用往往会起到突破的作用，关键的问题就是寻找到他人理论技术的弱点，并努力解决它，从而达到赶超他人科技水平的目的。著名科学家李政道在一次座谈会上说："你们要想在科技研究工作中赶上、超过人家吗？你一定要摸清在中国人的工作里，哪些地方是他们不懂的，看准了这一点钻下去，一旦有所突破，你就能超过人家。"他还举了个例子。有一回，李政道听了伍教授的演讲，知道了在非线性议程领域里，有一种叫孤子的物质，它有许多有趣的性质，这件事引起了他的重视。随后，他向伍教授借来了有关孤子的文献，关起门来，花了一星期时间认真阅读。在阅读中，他并不纠缠于文献中一些数学细节，专门挑剔中国人工作中有哪些缺点。果然，所有的文献都是研究一维空间中的孤子，而在物理学中有广泛意义的是三维空间。他看准了这一点钻下去，认真研究了几个月，终于找到了一种新的孤子理论，用它来处理三维空间的某些过程，得到了许多新的结果。

科技创新是人才展示能量的大舞台

创新型人才除具备一般人才的共同素质外，在知识和能力上应该具备一些特殊的素质，即要具有广博精深而合理的知识结构，敏锐而准确的观察力，严谨而科学的思维能力，丰富甚至是奇异的想象力，强烈的创新意识和远见卓识。实现现代化，必须靠知识靠人才。要建立有利于人才成长和脱颖而出的机制。广开进贤之路，善于发现人才，使用人才。创造民主、宽松的学术环境，保护知识产权，形成一整套有利于人才培养和使用的激励机制，以充分调动广大知识分子的创造性，使广大知识分子施展聪明才干有着广阔的舞台。要发展生产力，必须把人才放在第一位。引进人才是解决人才不足、促进人才流动、优化资源配置的有效途径，不仅要引进国内人才，还要引进国外智力，利用"外脑"提高自身的创新能力，发展自己最快速、最廉价的捷径，促进人才的合理流动。搞活人才流动机制，需要解放思想，打破人才的部门所有制，同时要完善配套政策，解决好流动过程中出现的一些矛盾和问题。对科技创新人才政治上信任、工作上支持，生活上关心，为他们创造良好的环境。形成人才竞争态势，真正让他们比起来、赛起来，多出成果、快出成果。采取多种手法，最大限度地调动大家的创新热情。贬斥就是一种能激发人的创新热情，帮助人正确认识自己的现有价值，并促使去实现更高人生价值的一种方法。现实生活中，有的人墨守成规，不思进取，从来不想有什么创新。有的人虽然有一点创新，但往往自以为是，趾高气扬，满足现状。在这种情况下，给予适当的贬斥，可以使其清醒地意识到，一个人没有创新是不行的，虽然有点创新，但成绩不佳也不会有很高的价值，只有在创新的道路上不断勇攀高峰，才能铸造出辉煌的人生。有了这种认识，创新热情自然就会被激发出来。斯蒂芬逊在发明火车的过程中，由于开始时火车速度缓慢，而且伴有剧烈的震动，因而招来了许多讽刺和嘲笑，甚至有人驾着马车与他的火车赛跑。这不仅没有使斯蒂芬逊灰心丧气，反而更加坚定了他改进火车的决心。经过艰苦的努力，终于发明成功了具有重要实用价值的火车。司马迁在《报任安书》中说过这样一段话：文王拘而演《周易》；仲尼厄而作《春秋》；屈原放逐，乃赋《离骚》；左丘失明，厥有《国语》；孙子膑脚，兵法修列；不韦迁蜀，世传《吕览》；韩非囚秦，《说难》、《孤愤》。诗三百篇，大抵圣贤发愤之所为作也。这里的每一句话都包含着一个因遭贬斥而愈加努力创新的故事。周文王被商纣王囚于羑里，但他并未因此消沉，而是集中力量研究事物发展变化的规律，写出了《周易》这部不朽的经典。孔子周游列国，希望能用自己的学说治国平天下，但终不为统治者所用，无奈之下回到鲁国，把鲁国史官记录的《春秋》加以删修，使之成为我国第一部编年体的历史著作。屈原在楚国遭谗去职后，长期流浪在沅湘流域，在悲愤中写出了具有极高思想和文学价值的《离骚》。左丘明当过鲁国太史，后来双目失明，在艰难之中写出了以记录贵族言论为主的史学专著《国语》。孙膑受庞涓所忌，被处以膑刑，他虽行走不便，但仍专事思索，终于有《孙膑兵法》流传于世。吕不韦原为秦国宰相，后被秦王嬴政免职，并被迫迁往蜀郡，他虽为官不成，却能专心著书立说，有《吕氏春秋》长存人间。韩非多次上书，力主变法图强，但一直未被采纳，于是发愤著书，著有《说难》、《孤愤》等警世名篇。上述事例都说明，适当的贬斥对激发创新热情来说是有益无害的。科技创新必须建立人力资源开发和发挥企业家作用的新机制。要强化对人员的继续教育，不断更新人们的知识结构和技能结构，把人的潜力进一步开发出来。要改革对人员的考核和任用机制，为有才能的人多创造一些施展才能和取得成就的机会。要建立培养、选拔和任用企业家的新机制，以利于更好地发挥企业家的作用，涌现出更多的企业家。企业家是科技创新的决策者、组织者和实施者，他的天职就是推进创新，有了更多的优秀企业家，我国企业的科技创新能力就一定会有很大的提高。我国在长期计划机制下，科研队伍庞大但效率不高，人员难以流动，不同学科的交流和联合较少，不利于科研创新成果的大批涌现。因此，一定要解决机制问题，为科研单位创造一个公平竞争的环境，实行科研课题招标制，实现在竞争中择优汰劣、优化组合的目的，使创新拔尖人才能够脱颖而出。实现科研创新，除了要有良好的科研体制和机制之外，更重要的是要有一支素质高的学科带头人队伍。对这支队伍，要破除论资排辈，树立不拘一格的观念。破除感情用事，树立公道正派的观念。破除求全责备，树立用人之长的观念。柯达公司在制造感光材料时，需要有人在暗室工作。但视力正常的人一进入暗室，犹如司机驾驶着失控的车辆一样不知所措。有人建议：盲人习惯于在黑暗中生活，如果让盲人来干这种工作一定能提高工作效率。于是，柯达公司将暗室的工作人员全部换成盲人。在暗室里工作，盲人远远胜过正常人，真可谓善用人"短"、"短"变"长"。柯达公司"巧用盲人"这一行动不仅提高了劳动生产率，而且给公众留下了不拘一格"重用人才"的良好印象。很多高质量的大学生、研究生和专业人才都争先恐后地到柯达公司。世界上只能找到适合做某项工作的人才，很难找到完美无缺的全才。与人类已有的知识、经验、能力的总和相比，任何伟大的天才都只是沧海之一粟。尺有所短，寸有所长，一位哲人说得好：垃圾只是放错了地方的宝贝。列宁说：人们的缺点多半是同人们的优点相互联系的。有无相生，难易相成，长短相形，高下相倾，音声相和，前后相随，一切事物的两极都是相通的。在一定的条件下，一个人的优点可以变成缺点，一个人的缺点也可以变成优点。容人之长、用人之长不易；容人之短、用人之短更难。事业要发展，不仅要善于容人之长、用人之长，而且要善于容人之短、用人之短。日本的川口寅三在《发明学》一书中提出了"善用缺点"的主张，并强调说："甚至可以认为，人类能取得多大的成就与能否巧用缺点有关。"善用人者无废人，善用物者无弃物。这些用人思想都会极大地调动广大科技工作者的积极性，有利于高层次人才的成长。推行首席科学家制度，有利于搞大协作、大课题，也有利于吸引优秀人才，优势互补，促进科研创新。培养科研人才尤其要注重培养其创新能力。对此，要根据创新型人才的素质要求加强培养。要从政策上向创新型人才倾斜，优先晋升和使用有创新性研究能力和创新性成果的人才，打破那种片面强调学历、资历的形而上学做法，使创新型优秀人才真正得到奖励和重用。同时，要给他们创造和谐的政治环境、民主的学术氛围、高效的工作环境和较好的生活条件，保证他们专心致志地从事科研创新。

改革开放对创新人才的影响

科学是全人类共同智慧的结晶，科学创新活动是全人类互相依赖的事业，开放是科学创新得以发展的必要条件。改革开放使中国又回到人类科学的大家庭里，一大批科技人才出国学习和工作过，他们学到了各方面的知识和锻炼了能力，对科学创新的规律日益有所认识，对过去存在的问题正在反省，这是中国科学进一步发展的关键。改革开放使我们有机会与国际广泛接触，使问题进一步显露出来，国家正在着手制定使我国科学与国际接轨的政策和措施。另外，现在仍有一大批青年人才在国外长期学习和工作，将来回国后必是我国科学创新的重要力量，他们构成了我国科学创新人才的重要储备。在改革开放一段时间后，中国重新认识到自己在多方面与国际科学水平和国际科学惯例存在较大的差距，并且面临继续扩大的危险，同时也意识到与国际接轨、汇入国际科学主流是中国科学创新赶超世界先进水平的必由之路。中国科学向国际接轨的过程已经开始，并积累了相当数量的人才和经验。虽然在短期内对科学创新人才的不利影响因素仍难以消除，但市场经济体制及其新文化的来临为最终解决我们面临的困难展示了乐观的前景，中国科学同国际接轨的宏观社会条件和时机已基本成熟。要充分认识到，与经济体制转轨过程相伴随，中国科学正处于一个新旧转换的关键时期，客观地总结经验，认清历史和现实的多面性，勇敢地向国际科学标准转轨，是摆在我国科学界面前的一项艰巨而神圣的任务。中国是一个大国，有相当数量的人才可以超越社会历史和文化的局限，而表现出良好的科学创新能力，只是他们的数量较少，因而也就更显得珍贵。中国科学创新人才的现状并不乐观，为了满足赶超世界先进水平的要求，必须对中国科学创新人才进行培养。美国的哈佛大学是一所私立的综合性大学，它之所以能名冠全球，成为世界名牌大学，是因为该校有一支庞大的明星教授群，有着世界一流的学者、大师。正是这些无与伦比的大师们培养出了数不清的社会精英，培养出了6位美国总统，36位诺贝尔奖获得者。该校的商学院更是被称为"总经理的摇篮"，全美500家最大财团中，有2/3的决策经理就曾经是哈佛商学院的弟子。这些毕业生仿佛有一种神奇的力量和能力，许多困难重重、举步维艰、濒临破产的企业，经他们接手大都能奇迹般地起死回生，并呈现出巨大的活力。在吸引人才，特别是具有创新能力的人才方面，美国经过长期的发展，形成了比较有效的机制。二战结束后，美国把德国2000多名杰出科技人才，想方设法运到了美国。他们又根据需要适时地调整了政策，允许他国的留学生、访问学者、教授和专业技术人员永久居留美国。用这一办法在1960—1989年期间，吸引了140万海外学者，其中包括富有创造力的大批中国留学人员。有人计算，培养一个具有大专以上学历的专业技术人员，政府需花费5万至10万美元，按此计算，发展中国家仅人才流失造成的经济损失就达700亿至1400亿美元。世界各国在美的科技人员，对美国经济的持续发展，起了难以估量的重大作用。

创新是人类特有的一种优秀品质

创新素质是每一个人都应该具备的，也是可以培养的。作为创新人才，要具有创新意识，养成推崇创新、追求创新、以创新为荣的意识。要有创新思维，能打破常规，突破传统，不墨守成规。有创新能力的人应具备渊博的知识、广博的视野，开拓新领域的能力，掌握创新知识的方法。要具有健全的人格，具备献身科学、献身人类事业的内在动力和坚强意志。在科学发展史上，大量的事例证明了创新人才所激发创新热情的巨大作用。法国物理学家安培在研究问题时常常达到入迷的程度。有一次，他在街上散步时，忽然悟出一道算题的解法，便随手从口袋里掏出一截粉笔头，到前面的一块"黑板"上演算。谁知没等演算完，"黑板"就移动了位置，他只好跟在后面一边走一边演算，可是"黑板"越走越快，以至于无法追上，这时他才发现，街上的人都在朝他哈哈大笑，原来那走动的东西并不是黑板，而是一辆黑色马车的车厢背面。我国著名数学家陈景润早年对哥德巴赫猜想产生了浓厚的兴趣，为了摘取这颗数学王冠上的明珠，他顶着"文化大革命"给他造成的沉重压力和一些人对他的冷嘲热讽，在没有现代化计算工具的情况下，仅凭手中的笔和纸，长年累月地艰难生活在异常简陋的卧室中，进行着极为复杂而艰难的运算。在工作中每当遇到难题时，他总是全神贯注地思考，常常忘了吃饭、睡觉和周围的一切。有一次在路上行走时还在想着一个问题，不注意碰到了前面的电线杆，但他居然不知道自己碰到的是电线杆，还频频责问是谁撞了他。类似这样的例子是举不胜举的。近代以来的蒸汽机、电话、无线电、飞机、计算机等无数创新，都体现了创新人才优秀品质在创造发明中所发挥出的作用，都使人们切身感受到科学技术对社会进步的重要意义。因此，创新无论是对于科学和技术本身的发展，还是对于社会的进步和繁荣来说，都是至关重要的。

树立全民族的创新意识

树立和增强创新意识，既是知识经济新时代的呼唤，又是发展社会主义市场经济，发展科技文化和教育的迫切需要，也是各项事业发展的动力。因此，要把增强创新意识作为一种适应时代发展要求的使命感来看待。创新意识的产生应具备主观条件和客观条件。主观条件主要包括背景知识、实践经验和个人的勤奋；客观条件主要包括社会需要和政治环境等。具有一定的背景知识是增强创新意识的基本前提。任何创新都要以一定的思维材料为基础，这些思维材料也就是背景知识。创新者知识准备如何，直接关系创新的程度和成果的质量。如牛顿发现万有引力理论，主要得益于数学。在牛顿之前，胡克也发现了物质相互吸引的现象，但由于他数学知识不足，在万有引力定律的确立上未能成功。日本著名的发明大王中松义朗在总结发明的要素时，特别强调科学知识的极端重要性。他认为科学发明要有一定的科学理论基础，要掌握与发明对象有关的科学知识，包括各种边缘科学知识，做到融会贯通。还要有一定的文化修养，能够理解深奥的科学理论，这样，才有可能做到有所发现，有所发明，有所创造。创新发明是需要运用想象或联想的，而想象或联想，也是需要背景知识的。就像马赫，要是不具备数学知识，他就不能用思维实践去证明"两个三角形两边和夹角对应相等，它们就全等"这一平面几何的定理。再如德国的化学家凯库勒，如果他不具备化学知识，就不可能神话般地想象出苯的结构式。要开发创新思维能力，也必须打好一定的知识基础和理论基础。它们包括方方面面的知识，这些是增强创新意识的起码条件。为开拓创新准备的背景知识不可面太窄，要尽量拓宽知识面，并使各方面的有关知识有机地结合，使知识与知识辩证地综合，形成新的知识、理论和技术。如瓦特、法拉第、富兰克林等大发明家，虽然都出身于工人，但他们却是通过刻苦自学掌握了有关领域的丰富知识后才有所发明、有所创造的。再如爱因斯坦少年时是轻视数学的。他在 1905 年提出狭义相对论后，紧接着思考引力问题，

1911 年他发表了《关于引力对光的传播的影响》，可是数学上的难题阻碍了他的前进，后来只好回过头来，重新学习几何等数学知识。当知识背景具备后，才创造性地提出了广义相对论。知识背景只是人们增强创新意识的必要条件，而不是充分条件。有了丰富的背景知识，有的人可能会应用得好而有所创新发明。关键在于把握知识的运用和转化。具备一定的经验是增强创新意识的根本基础。对于任何一个人来说，经验都是一种宝贵的财富。当一个人积累了丰富的经验，就能运用分析和概括的方法能动地认识规律获得技艺，就能思考新的东西，并发挥巨大的创造力。随着现代科学技术的发展，越来越显示出实际操作能力特别是信息分析和探索能力在创新中的重要地位。应该说，熟练的操作技巧与经验是增强创新意识和开发创造力的重要基础。需要强调的是，重视经验绝不是轻视理论看轻知识。实际上，书本知识和理论也是别人经验的总结。在掌握基础知识和理论的同时，必须自觉地深入实际，在实践中汲取新鲜的养分，丰富自己的头脑，为创新准备更丰富的条件。个人的勤奋与拼搏精神是增强创新意识和能力的重要因素。人的天赋与创新意识的产生有密切关系，但创新意识和能力的开发主要取决于本人后天的努力程度。李卜克内西在回忆马克思时说，天才就是勤奋，没有非常的精力和非常的工作能力便不可能有天才。高尔基说，天才就是劳动，人的天赋就是火花。因此，不能过分夸大天赋和智商在开发创新方面的作用。正如著名数学家华罗庚所说，在他自己身上找不到天才的痕迹，而是经过长期的辛勤积累，终于可以看出成绩来。社会发展的需求是创新意识产生的外在条件。社会发展的需求主要是指生产发展及其对技术工具的需要，科学实验及其对设备的需要等。社会发展的需求是激励人们树立创新意识和能力的动力。人们为了适应社会发展的需求，就必然要为实现这些需要而苦苦地探索和创新。

二、人力资源是第一资源

人才资源是人类所有资源中最宝贵并且最有决定意义的资源。得人才者得天下，失人才者失天下，这是一条古训，也是一条颠扑不破的真理。社会主义能不能巩固和发展下去，中国能不能在激烈的国际竞争中始终长盛不衰，关键看能不能培养造就一大批高素质的人才队伍。

人才是社会发展的决定性因素

人力资本是指每一个人身上拥有的体力与脑力的

综合。依据人所拥有的知识的多少，能力的高低，判定其拥有的人力资本质量层次。而创新能力则是最高质量最高层次人力资本的标志。一般而言，接受教育和培训的时间越少，人力资本的质量层次越低，反之越高。人力资本概念第一次将人与其所拥有的知识和精力直接相连，使对人的认识不再只停留在抽象层面，而是实践化、具体化。由于人所拥有的人力资本的差异，人在社会生活中的地位、作用是有差异的。人力资本概念第一次揭示了社会生活中人的丰富内容。人在社会生活中的重要性，首先在于其创造性品质。这种创造性品质在经济生活领域是物质财富增长之源，在政治生活领域是人民所需的政治财富增长之源，在文化生活领域则是精神财富的增长之源。1989年，苏联政权解体，政治局势动荡，失业和治安问题严重，陆续有100多万犹太人从苏联迁回以色列，也带回了经济转型的希望。因为这批移民大多有高学历，四成以上是大学毕业，不乏外科医生、大学教授和尖端领域的科学家。培养一个大学生，政府至少需投资5万美元，按照保守的估计，这批移民至少价值200亿美元。以色列工业贸易部外贸中心亚太区主任盖尔·摩说："苏联人一定疯了，白白送这么大的礼物给我们。"这批人为以色列谱写新经济的传奇立下了汗马功劳。如何将每一个人身上的创造性潜能开发出来，激励出来，就是知识经济时代制度的根本目的。现代和未来世界上的一切竞争从根本上说都是人才的竞争。人才争夺这场没有硝烟的战争从来都没有中断过，并且日趋激烈。我们要在这场竞争中立于不败之地，就要大力实施人才战略。人是知识的载体，谁要执知识经济时代的牛耳，他就必须是国际人才竞争中的获胜者。所以，参与国际人才竞争已成为中国在21世纪发展的重要战略。大力实施领导人才战略，搞好人才资源的开发利用，是新时期关系我们党和国家前途命运的战略任务。在国内外环境都正在发生着广泛而深刻的大变革、大转折时期，我们能否高瞻远瞩、见微知著、与时俱进，清醒地认识形势，明确发展目标，作出正确的决策，中华民族能否在未来走在时代的前列，自立于世界民族之林，关键在于是否能够培养造就一支高素质的人才队伍包括领导人才队伍。所以，大力实施人才战略，是实现党在新世纪肩负的伟大历史使命、继续推进党的建设这一新的伟大工程的需要，是时代发展的客观要求，是各级领导机关刻不容缓的重要任务。人力资本概念揭示了个人与社会之间矛盾的内在根源，在于个体性与人力资本群体性双重属性的矛盾关系。合作促进了个体效用和集体效用的共同增进，合作使个体与集体既相对独立又相容。个体是集体的基础和细胞，是集体效用之源泉，集体是个体的集合与凝聚，是个体效用之依托。个体性决定了集体关系的可分性，群体性决定了集体关系的整合性。人力资本概念包含的丰富的本质特征和内在的矛盾关系，决定了在知识经济的时代，自我完善与发展成为人力资本所有者的人格特征。"情商"一词是 1995 年美国哈佛大学丹尼尔·戈尔提出来的，它是相对智商而言的。智商是研究思考物质变化规律的能力，情商是研究思考物质世界变化规律的能力。它是一种性格的素质，是心灵的力量，是人文的修养。它包括情绪控制和调节能力，了解他人、激励他人和控制他人的能力，为人处世能力。智商是解决做事问题，情商是解决做人的问题。对创新者来说，增强情商有着非常重要的意义。增强情商，有利于了解和正确估价自己。创新者天天要和他人打交道，自己在他人心目中的形象是否端正、地位是否重要，自己是无法评估的。要准确评估自己，就要找准参照系，请他人客观、真实地评价自己。如果一个创新者的情商低，不会处世，人际交往少，关系紧张，大家就不会对其讲真话、讲实话，创新者了解到情况虚假成分就多，不利于正确评估自己，把握自己。增强情商，有助于工作顺利、事业成功。丹尼尔·戈尔说："一个人的成功，20% 是靠智商，80% 是靠情商。"教育家卡耐基也说："一个人的成功，只有

15%是靠他的专业知识，而85%是靠他良好的人际关系和处世能力。"一个自控力差的人，一个不善于和他人合作共事的人，成功的机会一般较小。社会个体从个人物质效用和精神效用出发，会主动寻求教育培训，进行自我和家庭成员的人力资本投资，每一社会个体的自我完善和发展就具有了内在动力。在资源稀缺条件下的能力本位竞争，纠正了凭关系、凭钻营竞争的非正当竞争机制，使知识和能力成为每一个人在社会中立足、成功的资本。优胜劣汰的竞争给每一个人学习、提高，再学习、再提高，不断追求自我完善和发展提供了外在压力。在学习知识，提高能力的过程中，社会个体特性从封闭趋向开放性、从低智力性趋向高智力性，从依附从众性趋向自主创新性。

影响创新人才的因素

中国传统文化的精华是历史经验加人际情感的实用理性。中国文化没有走向抽象思辨，也没有沉入追求解脱，而是执著人间世道的实用探索。长期小生产的经验论则是促使这种实用理性能顽强保存的重要原因。辩证思想是处理人生的辩证法而不是精确概念的辩证法。中国哲学和文化，欣赏和满足于模糊笼统的全局性的整体思维和直观把握，追求和获得某种非逻辑非纯思辨非形式分析所能得到的真理和领悟。中国传统哲学注重政治伦理，轻视自然科学以及传统文化的直观性，模糊笼统性和类比的形象思维方式等对科学创新有阻碍的作用。传统的实用性使中国古代科学技术主要体现在技术方面，而在科学理论思维方面却贡献不多，没有形成构造性自然观和受控实验传统，而且还造成了科学的政治化和技术化倾向。在这种文化里科学创新所必需的精确的逻辑思维、分解思维和构造思维，对自然规律的超实用精神及对科学理论审美的追求精神是很难自发形成的。汉语是一种审美型语言，充满着人文精神。与西方语言不同，它不是严密修饰式的定义性分析语言，而是自由流水式的说明性联想语言。显然，汉语的这种语言形式特点，与上述中国哲学和文化的内容和形式上的笼统性和模糊性是一致的。语言是文化的凝结和载体，后人主要通过语言这个思维工具的塑造作用来达到对文化遗产的自发继承。语言是塑造思维的最直接、最持久、最不可避免的和最现实的力量。通过这种语言的传承和塑造作用，中国文化传统对科学创新所需要的精确的逻辑思维的自发习得的不利影响将长期存在。因此，这就要求中国科学创新人才要更加努力地训练精密的逻辑思维能力。说到逻辑思维，报刊上登过这样一个故事：一家俱乐部招聘两名工作人员，进入最后角逐的五名应聘者被分别领进五个单间，单间里各放着已牢牢地绾结在一起的两条尼龙绳。主考人员宣布：谁先将两条绳子解开，谁就可以进入面试；超过三十分钟仍不能解开绳结者，将取消其面试资格。时间过了十五分钟，已走了两名应聘者；时间快到三十分钟时，还有两名应聘者耐心而努力地继续解着牢牢的死结。而那另一个早已坐在了老板的办公室里，老板已拿出用工合同，时间一到就将签约。原来，那个人五分钟不到就走出单间，向主考人员借了一只打火机，将那个非常牢固的绳子果断地烧化了。那放弃竞争的两个人和坚持到底的两个人，或许认为这道考题用意是检验应聘者的手劲或耐心。其实他们搞错了。事后老板的一番话道破了解绳试题的内在玄机。他说："一个人能不能胜任某项工作，或者说能不能完成某项任务，不完全在于他的体能和智力，而是取决于他能不能创造性地进入角色，果断地走向成功。"科学创新活动是一个全人类相互学习与交流、相互促进的互动过程，对于一个科学落后的国家，特别需要向先进的国家学习和引进，包括人才、信息、物质和管理等。科学创新的主要刺激动力来源于全人类科学共同体发现的新现象、提出的新问题、创立的新理论和发展的新方法等，离开与这个共同体主流的信息、人才和物质等交换，任何不汇入主流的支流都迟早会停滞而干涸。由于地理上的分隔而形成的交流障碍，中国与西方两大文明体系在历史、语言、文化、社会制度和生产力发展水平等方面存在着明显的差别，使得沟通更加困难，尤其在人员交流方面更显得突出。人员交流是一种多要素的整体交流，目前能出国深层次学习和研究的人仍是极少数，因此人员环境仍是封闭的。在信息交换上语言对于多数人仍是一个难以克服的障碍，虽然现代发达的交通和信息技术已使得超越地理障碍不再困难，但经济制约和文化的制约仍难以超越。整体科学创新环境仍较封闭，与国际科学创新主流的交流仍显不足。这样的环境对科学创新人才的成长和能力的发挥具有较大的限制作用。科学创新人才的才能和知识的成长及其发挥，需要从家庭、学校到工作单位的一系列有利环境，然而文化传统和社会环境却对学得科学创新价值和才能十分不利。必须引进文化、引进机制、引进人才，要整体学习，这就需要开拓和示范才能在国内带动一大批人才，并同时改造环境。国外的研究已经证明示范效应对科学创新人才成长的巨大作用。对美国（1901—1972 年间）诺贝尔奖获得者的宗谱研究表明，科学劳动的隔代连续性是诺贝尔奖人才成功的重要因素。孕育一个诺贝尔奖获得者，至少要有三代人的知识积累，其中包括教育和科研环境，尤其是家庭教育的奠基作用。这种隔代的知识遗传主要体现在他们对父辈的治学态度、研究方法以至思维习惯的潜移默化的继承上。

三、与时俱进以人为本

拒绝创新就是拒绝发展。与时俱进本身就是了不起的创新。创新离不开人才，人才需要培养，以人为本的思想是搞好事业的基础。我们必须紧跟时代的步伐，站在时代的前列，顺应时代的要求。

人才是第一资源

江泽民同志在亚太经合组织第八次领导人非正式会议上指出，世间万物，人是最宝贵的。人力资源是第一资源。实现科技进步，实现经济和社会发展，关键在人。最终决定一个国家和地区经济与社会发展速度的不是物质资本和物质资源，而是人才资源。很多国家的实践已证明，一个国家即使自然资源贫乏，但如果其人才资源开发得好，同样可以有大的发展。如资源极度贫乏的日本，"只有空气是免费"的新加坡，自然条件极其恶劣的以色列等。美国千方百计搜罗、争夺的国际级的优秀人才，遍及180多个国家和地区，数量达100多万。获诺贝尔奖的科学家，美国的占了一半，而这些人多是美籍外裔人。联合国教科文组织新近调查表明，在占有知识上的差距，在人才比率上的差距，最终导致国与国之间竞争力的差别。据专家预测，21世纪，世界各国对各种专门人才的需求是巨大的，通过引进人才来提高本国科技水平，推动本国经济发展，不光美国要继续这样做，其他国家也会这样做，人才资源在现代社会将充分显示其地位和价值。到2005年，日本将缺少50万名科技人员；到2006年，美国将缺少67.5万名科学家和工程师；今后20年，法国将缺少20万名科技人员。人才资源不光是第一资源，还将成为稀有资源，人才争夺将会比"圈地运动"更加残酷。所以，在实施人才战略过程中，要有一种紧迫感，要有一种危机感，要有志在必得的精神。卡耐基说，"人类本质里最深远的驱动力就是希望具有重要性"。他讲过这样一个故事：一个10岁的孩子非常希望成为一名歌唱家，但第一位老师却对他说："你不能唱歌，你的嗓子像风雨声。"他听到这些话很失望。但他的母亲鼓励他说，你能唱歌，你每一天都在进步。母亲为了省钱给孩子付音乐课的学费，连鞋子都舍不得穿。就是这位母亲的称赞和鼓励改变了孩子的一生。他终于如愿以偿，成为世界级的歌唱家。由此可见，激励对人是多么重要。在管理学界很有影响的方格理论，把管理看成是一个矩阵，纵向坐标表示管理者对生产成果的关心程度，横向坐标是管理者对人的关心程度，当两者的关心程度均达到最佳时，交叉点恰好与对角线重合，这时生产效益和人的主动性都得到了最佳发挥。这个理论提示我们在关注效益的同时，还要注意发挥人的积极性。这对做好人的工作是有益的。以人为本，就是要抓住调动人的积极性这个根本。

与时俱进的根本在于进

坚持与时俱进这个关键，真正认清与时俱进是科学的认识路线，是正确的思想方法，是时代的最强音，更是可贵的精神风貌。与时俱进，古时叫与时偕行、与世推移。《易·损》说："损益盈虚，与时偕行。"《楚辞·渔父》曰："圣人不凝滞于物，而能与世推移。"与时俱进就是紧随时世、时代全面发展进步。与时俱进根本在"进"，这个"进"有前进、进取、发展、奋进、转化、超越之意。与时俱进，是世间万物发展变化之规律。一切都处在发展变化中，在这一不可抗拒的规律面前，万物竞生，百舸争流，不存在任何最终的东西。21世纪是一个创新的时代。创新同其他事物一样，有自己的规律和特点。要以解放思想、实事求是的科学态度，准确把握创新活动的内在联系，努力实现主观认识与客观世界的统一。一是要把握好创新与经验的关系。有人形象地说，我们生活、工作在一个经验的世界里。招聘广告上大多注明"三年以上实际工作经验"之类的话，因为在某些方面非要有丰富的经验不可。老司机比新司机能更好地应付各种路况，老会计比新会计能更熟练地处理复杂的账目。但经验也不是万能的。在科技飞速发展的今天，传统经验更是受到前所未有的严峻挑战。医生讲了这么一个例子：脑出血与脑栓塞在临床上的表现症状相似，但治疗方法却截然不同，脑出血要用收缩血管的药，脑栓塞要用扩张血管的药，诊断不准盲目治疗，就会给病人带来生命危险。以前病人家属都希望找个经验丰富的老医生看，现在情况就大不相同了，病人到了医院，做个脑 CT，什么问题都一目了然，马上就可以对症下药，诊断治病快捷方便，这时看病的医生就无所谓新老了，这是个技术创新取代传统经验的典型事例。现在，连病人自己也愿意找个博士生给自己开刀，似乎这样才更踏实些。由此可见，当今世界上的竞争并不是经验越多越好，而是知识越多越好，技术越新越好。当前，各方面的工作面临的形势和任务发生了根本性的变化，不能仅仅满足于已有的经验，而应当主动学习新知识，善于运用新技术，确立新的思路和方法。当然，经验仍是个宝，创新也经常借助于某些经验取得成功。二是要把握好创新与继承的关系。继承是创新的基础，创新是辩证的继承。哲学上关于量变和质变的关系，大家都明白，其实从量变到质变的过程，从某种意义上说，也可以看成是一个继承与创新的过程。马克思、恩格斯综合了人类认识史上的优秀成果，批判地继承了黑格尔的辩证法，创造了唯物辩证法，在人类认识史上引起了一场空前的大革命。要根据新形势、新任务的需要，在继承一些好传统、好经验的前提下，结合新情况、新问题、新特点，赋予其新的内涵和新的实现方式。只有在继承的基础上，进行不脱离历史、不超越实际的创新，才能不断给工作注入新的活力。三是要把握好局部创新与整体推进的关系。职业棋手们对弈，在功底深厚的基础上，有一个共同特点，就是每动一子都必须着眼一盘棋的整体态势，"一着不慎，满盘皆输"，关键的一步棋往往决定一盘棋的输赢。这就是局部与整体的关系。

抓住重点、难点问题求突破

衡量领导干部创新能力强不强，很重要的尺度就是要看重点问题抓住了没有，长期困扰的老大难问题解决了没有。卡耐基说："人有两种能力是千金难求的无价之宝，一是思考能力，二是分清事情的轻重缓急并妥当处理的能力。"分清了事情的轻重缓急，就抓住了事物的本质和主流。有这样一个实验，把一个饥饿的人蒙上眼睛，在他面前放上杂乱无章的东西，而把一点点面包放在不起眼的地方，当他睁开眼睛时，他便在很短的时间内找到那点面包。我们要努力具备敏锐地发现和判断重点难点的能力，要像饥饿的人对食物的需要那么敏感、那么迫切，在纷繁复杂的工作中，抓住主要矛盾和主要环节，做到纲举目张，"牵一发而动全身"。抓住重点难点问题求突破，把握以下几点：一是把握发展趋势，增强预见性。现在这个社会，科学技术飞速发展，学科分工越来越细，学科之间的交叉渗透、交叉融合越来越强，集约化、社会化、大联合显示出巨大的优越性。到德国访问过的同志，发现一些宏伟高大的建筑物都集中在东德，西德的建筑虽然也很漂亮，但显得没有那么气派。这种感觉是非常明显的。为什么？因为东德原来是社会主义国家，尽管个人收入少一些，显得比西德穷，但能够把社会的财富集中起来使用，西德是资本主义国家，虽然很富有，但财富都分散在个人手中，难以集中使用。当前集约化、社会化、大联合的趋势，也决定一些重大的科研项目必须依靠大批专家群体的力量才能完成，这对工作就提出了新的要求。目前，世界各国都非常重视人才流动、强强联合，特别在一些发达国家，流动研究员、客座教授日益增多，邀请国内外专家从事研究和讲学蔚然成风，许多研究机构只有部分骨干是固定的，其余都是流动人员。世界著名的贝尔实验室曾经出过 11 名诺贝尔奖获得者，平均每天就有一项发明创造，其中一个重要原因就是他们十分注意吸收不同学科、不同国籍的学者流动来协同工作。美国为了迎接数字化、网络化、智能化带来的挑战，抢占未来社会发展的制高点，国会通过了法律化政策，给予其他国家精通电脑技术和其他掌握高科技人才优先移民的权利。二是要把握问题实质，增强针对性。难点问题一般具有复杂性、严重性、敏感性的特征。复杂性是一些难点问题的本身就一团乱麻，有剪不断、理还乱的感觉，与其他问题的连带性比较强。解决这类问题就是多做调查研究，弄清问题的来龙去脉，理清以往解决过程的头绪，抓住问题的要害，拿出解决的办法，要特别注意不能留下后遗症。严重性是说要么事关重大，要么国法不容，要么群众反映强烈，上级领导关注，对个人或单位影响深远，而且经常伴随比较严重的后果。解决这类问题不能拖，要快刀斩乱麻，最好能把这类问题解决在萌芽状态，否则有可能发生量变到质变或引起矛盾激化。敏感性就是或与政治问题联系在一起，或与部分人的切身利益有关，所以处理起来要有政治观察力和思想敏锐性，一个细节处理不好，就会招致前功尽弃。三是把握单位特点，增强独创性。重点难点问题的解决没有特效药，政策都是一致的，关键是要在政策与实际的结合上寻找创新点。一方面要深入分析和思考这些问题发生、发展的前因后果，找准问题的症结；另一方面要充分调动群众的积极性，集思广益，在政策允许的弹性范围内，拿出解决问题的最好办法来。这里可以借用一句广告词：没有最好，只有更好。在解决重点难点问题时，也要多想办法、多动脑子，寻找解决问题的最佳方案。而且重点难点问题的解决往往容易出现反复，要有一股抓住不放，一抓到底的劲头，直至把问题彻底解决为止。

四、创新人才要有创新观念

当前，工作中遇到的新情况、新问题很多，要提高工作水平，主要还不是读多少本书、办多少件事、搞多少项活动的问题，关键是要在实践中，以新的思想观念去认识和研究面临的新情况，进而把握工作创新的规律和特点，掌握主动权。

要实现思想观念创新

要形成通过观念更新、理论创新，推动其他方面的创新，开拓出一个新的工作局面。人们的思想认识是客观世界的反映。思想认识的一个重要特点就是它具有滞后性。客观世界总是不断发展变化的，人们的思想认识不能僵化，不能保守，而必须跟上形势的发展，这样才能不断适应客观世界的变化。从这个意义上说，解放思想贯穿于改革开放的全过程，贯穿于人们认识世界、改造世界的全过程。解放思想是一项长期任务，不可能一蹴而就。对不少人来说，不是思想解放过头了，而是面临着不断解放思想、形成新认识的任务。形成新的认识要注意观念创新。思想是行动的先导，观念创新是制度创新、体制创新、机制创新的前提。有些地方改革开放的步子迈不开，根子在思想认识上；有些地方经济发展滞后，首先是因为思想观念滞后。解决这些问题，首先就要破除思想障碍，以观念创新为前提，进行一次新的思想大解放。当今世界飞速发展，信息社会这个词刚刚听熟，又进入了网络社会。专家们预测，用不了多久，计算机就会发展为智能化，工业机器人发展为智能机械人，信息网络随之发展为智能网络，将会引发一场世界性的智能大革命，人类社会将进入智能社会。当年爱因斯坦利用纸和笔研究出了相对论，但他只能推测原子粒子的真实特性，今天物理学家在大型计算机上创建方程式，就轻松捕获了这些粒子的踪迹。现代社会发展如此迅猛，其重要动因就是创新。创新改变世界也改变着人们自己，将人类的进步不断推向新的高峰。思想决定行动，行动取决于观念，因此，要想创新，首先是观念更新，观念的更新是一切创新的前提。比如同样一块铜，如果观念不同，价值也会相差很大。1946年，一对犹太父子到美国，在休斯敦做铜器生意。一天，父亲问儿子一磅铜的价格是多少？儿子答35美分。父亲说："对，整个得克萨斯州都知道每磅铜的价格是35美分，但犹太人的儿子应该说3.5美元。你试着把一磅铜做成门的把手看一看。"20年后，那位父亲死了，儿子独自经营铜器店。他做过铜鼓，做过瑞士钟表上的簧片，做过奥运会的奖牌。他曾把一磅铜卖到3500美元，不过，这时候他已是麦考尔公司的董事长。1974年，美国政府为清理给自由女神像翻新扔下的废铜等垃圾，向社会广泛招标。正在法国旅行的他听说了这件事，立即乘飞机赶往纽约，看过自由女神像下堆积如山的铜块、砖石、断木，当即就签字揽了下来。纽约的许多运输公司为他的这一愚蠢举动暗自发笑，因为在纽约州，对垃圾的处理有严格的规定，弄不好就要受到环保组织的起诉。他让人把铜融化，做成小自由女神像；把水泥块和断木加工成底座；把剩余的碎铜烂铁做成纽约广场的钥匙。结果，他让这堆废料变成了350万美元。这就是观念和智慧的价值。观念一新天地新，观念一变万物变。观念创新是最基础的创新，没有观念上的变化，就不会产生行动上的变化。一是树立要发展就必须创新的观

念。国际货币基金组织 2000 年度报告指出，发展中
国家与发达国家的知识差距，尤其是知识创新能力的
差距，远远超过了财富的差距。国际证券分析家们在
判断一个企业发展前景时，也把这个公司的人才管理
思想、人才管理机制及其涌现出来的创新活力作为一
个重要指标。这从一个侧面说明了不创新就要落后，
不创新就要灭亡的道理。当今世界唯一不变的就是
"变"，"变"是一条基本规律。14 世纪至 20 世纪，
是"制海权"时代，20 世纪是"制空权"时代，21
世纪将是争夺"制脑权"的时代。我们必须以变应
变，以创新求发展，才能跟上时代发展的步伐。开拓
创新是历史发展的必然要求，是新世纪的真切呼唤，
是人类经济、社会发展的重要动力和源泉。江泽民同
志号召全党、全社会，要大力倡导和弘扬创新精神和
科学精神，紧跟时代发展潮流，在不断研究新情况、
解决新问题、形成新认识、开辟新境界的过程中，积
极推进理论创新、体制创新、科技创新和其他创新。
新世纪的领导者要进一步解放思想、更新观念，不断
开拓创新。要研究新情况，打破旧的习惯势力和主观
偏见的束缚，达到解放思想与实事求是的统一。进入
新的世纪，世界政治、经济、军事格局发生了很大变
化，各种矛盾和斗争呈现复杂化、激烈化的趋势，科
学技术发展日新月异。国内开放程度日益提高，各项

改革向纵深推进，经济发展持续加速，各种社会矛盾和问题也不断凸显出来。面对各种新的情况，领导干部要有政治敏锐性和政治鉴别力，要冲破"左"的、旧的思想枷锁，认真研究这些新情况、新问题、新矛盾，达到主观世界与客观世界的统一。资源竞争特别是人力资源竞争将会更加激烈，"人才无国界"的特点将会更加突出，人才的竞争将会出现国际竞争国内化，国内竞争国际化的局面。现在美国提出要培养新世纪的美国人，日本提出要培养世纪通用的日本人，加拿大提出21世纪的接班人才，韩国提出要以头脑强国。我国人才队伍面临着严峻的考验。第一，高层次人才引进难的问题将更加突出。现在一些国家和国际大公司已经把手伸到了国内的人才市场，纷纷以各种十分优惠的条件吸引人才。一些国际"猎头"公司开始在我国招收优秀大中学生，到该国深造，为其服务。一些原来不愿出国工作的高层次人才，现在可以身在国内，"出国"工作。第二，人才保留将更加困难。入世后外国企业纷纷进入中国，将以高薪和其他优厚待遇吸引人才，整个社会人才跳槽的现象将会更加普遍，中国面临着新一轮的人才流失。第三，人才培养和继续教育的压力将大为增加。北大举办了一场"人才培训如何应对入世挑战"的大讨论，提出了"经贸要入世，人才培训要入'室'"。这个

"室"指的不仅是教室，也包括办公室和家中的卧室。就是说，入世后人才的短缺和人才知识量不足的问题将会凸显，人才培养应当随时随地进行，尽快与国际接轨。在这种形势下，人才继续教育的成本将大大增加。第四，对人事管理方面的政策制度将产生直接影响。当代国际人事管理很重要的一条是实行"能力—业绩"主义，就是以业绩论功过，看绩效定薪资，淡化考核中资历、学历、职称等因素，这对我国的干部人事制度将是一大挑战。入世后，影响比较大的还有工资制度。国外实行的是"优质优价"，而我们总是追求"价廉物美"，这样很可能会出现这样一种现象：他们用高薪将高素质的人才吸引走，同时将素质相对较低的人员留给我们。上述这些情况，应高度重视，要有很强的危机意识，千万不能思想麻木。二是树立"创新有风险，但不创新有更大风险"的观念。有这样一个看似无关却耐人寻味的寓言，说是如果把一只青蛙放进沸水中，它会试着跳出。但是如果把青蛙放进常温的水中，它会待着不动，此时慢慢加温，到40度时，青蛙仍显得自得其乐。可悲的是，当温度继续慢慢上升时，青蛙变得愈来愈虚弱，最后无法动弹，直至被煮熟。青蛙贪图一时的安逸，没有感到长远的生存风险，结果遭到灭顶之灾。这则寓言还是很值得我们深思的。创新比按部就班工作难度要大，风险也相应大一些，但不创新事业就没有希望，工作就得不到发展。敢不敢承担风险，这实际上是一个人的事业心问题。创新即使使个人承担一定的风险，但使事业得到发展，这是值得的，何况还可以通过提高创新的方法和艺术，降低风险值。反过来说，如果不创新，虽然个人暂时比较安稳，但事业面临着更大风险，从长远看，个人也不可能有什么发展。三是树立"创新之人方能识创新之才"的观念。国家建设需要大批创新型人才。选人用人的部门要识别出是真才还是庸才，干部人事工作者本身就应该是创新人才。创新之人方能识创新之才。要做好新形势下的识用人工作，干部人事工作者的素质是关键，因此，对一些新特点、新规律要及时把握，包括如何扩大民主化的用人机制，怎样扩大群众参与的面等等，在这些问题上都要有新的观念、新的实践。四是树立人人创新的观念。著名教育家陶行知指出："处处是创造之地，天天是创造之时，人人是创造之人。"医学研究的最新成果也表明，人们的大脑基本上是一样的，并没有太大的差别，人脑的潜能有90%处于休眠状态，尚未用于工作和生活。目前正在研制的巨型人工智能计算机，不仅可以模仿人左脑的逻辑思维功能，而且将模仿人的右脑的形象思维的功能，就连这种由100万个处理器构成的大型计算机，其预定的目

标也只能达到一个幼儿的综合智能水平。人们大可不
必担心自己的脑子笨，搞不了创新。可能有的同志感
到，自己既不是定政策的，又不是决策的，很难有什
么创新。有这样一个故事，一家世界著名大酒店因为
客人多、电梯小，需要增加一部电梯，请来著名设计
师设计方案，准备在每层打个大洞，重新安部电梯。
正当两个设计师来回丈量的时候，一个负责打扫电梯
卫生的清洁工直摇头说："你们这么搞，工程这么
大，酒店还要关闭一段时间，损失太大了。"设计师
不以为然地反问："难道你还能有什么更好的办法？"
清洁工说："你把电梯修在楼外面就行了，施工不必
停业，又很省钱，将来客人乘电梯还可以看风景。"
这两个设计师惊讶得嘴都合不拢，紧接着狂笑着拥抱
在一起。谁也想不到，电梯挂在外面，这一建筑史的
一次革命，竟然是由一个清洁工提出来的。由此可
见，创新不仅是领导的事，也是大众的事。日本松下
电器公司，由于常年进行全员创新教育培训，企业员
工创意力猛增，公司拥有 5 万多件专利，职工所提创
意提案每年高达 150 多万件。松下电器公司劳工关系
处处长阿苏津谈及原因时自豪地说："我们的职工随
时随地——在家里、在火车上，甚至在厕所里，都思
索创新提案。"我国 1983 年就开始推行创造工程教育
培训的铁道部株洲车辆厂，推行前后 4 年的对比结果

表明，技术革新项目增加了 1.48 倍，重大项目增加了 1.59 倍，年经济效益增加了 3.96 倍，综合创造能力提高了 2.34 倍。可以说，创新之伟力存在于民众之中，关键看是否引导有力、发掘有方。正如国际劳工组织顾问西蒙·怀特所说："要形成一个鼓励创新的环境，即让每一个人都感觉他有足够的创业机会，只要他愿意。"

要破除影响和制约观念更新的思想障碍

要解决新问题，使开拓创新成为思想解放的成果。始终代表先进生产力发展的要求，就要进一步解放思想，破除一切阻碍生产力发展的旧的观念、旧的习惯、旧的制度、旧的体制，始终站在时代前列，为解放和发展生产力奋斗不息。开拓创新既是解放思想的固有内容，也是思想解放的成果，又是检验思想解放程度的标准。解决新问题，不能光凭经验办事，不能老是用旧方子来治新病，而必须大胆进行制度创新、体制创新、机制创新。创新是理性的否定、历史性的超越，没有创新，就没有科技经济的发展，就没有人类社会的进步。创新，就要敢于冲破一些"左"的、旧的条条框框，就要走前人没有走过的路，干前人没有干过的事业。如果因循守旧、墨守成规、思想僵滞，对新问题就没有新方法，就迈不开新的步伐，就走不出新的路子。创新这个词是近几年使用频率比较高的词，但是"口头"上的创新与实际创新还有相当的距离，最主要的障碍就是人们的头脑中充斥着各种各样的守旧观念。现在一些传统的旧思想、旧观念，仍在时常干扰着我们。如"官本位"的思想还是根深蒂固的。报纸上曾刊登过这样一件事，说是一个乡长经不住儿子的纠缠，便打电话给乡小学的校长，让他给上小学二年级的儿子弄个班长干干。尽管校长和班主任千方百计地做工作，但最后选举时乡长的儿子仍然落选了。为给乡长有个交代，校长只好宣布两条决定：第一，班长不在时，由乡长的儿子代理班长；第二，班长在时，乡长儿子享受"正班级"待遇。这件事非常典型，它充分说明了旧观念的影响有多深，观念更新是多么重要。几千年封建社会、长期计划经济体制以及十年"文革"的影响，使得一些不正确的思想观念至今仍制约我们的创新活动。应克服一些思想障碍：一是克服"守摊子"的思想。在现实中，守摊子的思想还是有一定市场的。有的人没有创新欲望，得过且过，当一天和尚撞一天钟；有的认为现在的工作已经比较完善，不需要搞什么创新了；还有的思想保守，习惯按老规矩和老习惯办事，不愿意创新。这种守摊子的思想，实质上是缺乏创新的动力，是旧的价值观的一种表现。这种思想之所以至今仍有市场，到哪里都能碰到这样的干部，主要还是对"守摊子"思想的危害认识不深，觉得只要不出事也算有成绩，没有让这种"守摊子"的人感觉到压力。二是不能对创新求全责备。创新就是走前人没有走过的路，干前人没有干过的事业，有一个逐步完善的过程，不可能尽善尽美。这本是事物向前发展的规律，但有些同志不能容忍。有的把创新说成是"花花点子"、"出风头"，有的把创新说成是急于求成、激进冒进，甚至还有的认为搞创新就是搞特殊、别有用心。这种情况比较明显。三是要打破思想上的框框。有的人干工作不是看事业需要不需要，而是看权威说过没有，别人做过没有，总是想用旧方子治新病，结果什么事都很难完成。鲁迅说："连搬动一张桌子都要经过流血斗争。"美国著名的贝尔实验室里，在贝尔的雕像下面，写着这样的名言："有时需要离开常走的大道，潜入森林，你就肯定会发现前所未有的东西。"要创新，就必须冲破旧的条条框框。四是要破除片面求稳从众的心理障碍。一些人遇事没有主见，办事拖拉，唯恐当了出头的椽子，离了群的鸟。从思想根源上讲，这是受传统文化中提倡守稳的中庸之道的影响。有些人从众心理特别强，小时候大人教小孩随大流，灌输明哲保身的处世哲学；长大了，老人教育青年人要"入乡随俗"。现在有些商家正是利用人们的从众心理，专门雇了一些"托儿"，吸引大家买它的东西，上当的人不少。这种从众心态严重阻碍了创新人才的成长和创新活动的开展，这就必须引起高度重视，认真对待。要经过不断地学习和锻炼，提高自己的认知水平，培养独立的人格，遇事要有自己的主见，克服求稳从众的心理障碍。心理学中有一个"皮格马利翁效应"，说是神话中一个人物皮格马利翁，他深深爱上了一座完美的雕像，最终使雕像变成了活人。这个效应是说，一个人期望自己成为什么样的人，也就有可能成为那样的人。牛顿说："把简单的事情考虑得很复杂，可以发现新领域；把复杂的问题看得很简单，可以发现新定律。"要重用创新人才，也要保护好创新人才，形成用人的正确导向。

五、创新人才的人格感召力

人格问题是一个古老而又崭新、普遍而又现实的问题。高尚的人格是一个人最宝贵的"无形资产"。爱因斯坦说过："个人智力上的成就很大程度上取决于人格的伟大，这一点往往超过人们通常的认识。"创新人才是大家尊重的人才，也是人才群中的佼佼者，如何提高自身的人格感召力，赢得群众的拥护，是非常重要的问题。

要有高尚的精神境界

人身上有种神奇的东西叫魅力。它吸引住人的心，有了它便能讨人喜欢、受人钟爱、得人拥戴，无论是干什么都比别人巧。魅力介于个性与气质之间，当然是具备了某种特质才会具有。如知识渊博、睿智善断，就能吸引住大批贤哲；生性豪爽、仗义助人，才可吸引住大批义士。这里面有一些是爹妈给的，属自然魅力。更多一些是后天打造，属内在人格魅力。自然魅力大多呈现于外表，人格魅力则深沉于人的内在气质中。相比之下，后者更为深刻。被"魅"住的，当然也不是无缘无故的。人是功利的，总要自然地将人和事与自己的利害联系在一起。你能给他轻松和欢乐，他就会因为与你在一起愉快有趣而接近你。你能给他智慧和力量，他就会因为与你在一起茅塞顿开、疑难化解而亲近你。你能给他前途和希望，他就会因为与你在一起有信心、有理想实现的可能而听从你。因此你是磁，就能吸住铁；你是花，就能恋上蝶；你是火，就能像火一样烧起来。作为创新的人才，最好是"磁铁"，最好有"花香"，也有"火"的热情，这样魅力才足。创新人才提高精神境界的核心，是自觉坚持全心全意为人民服务的宗旨，而不仅仅是独善其身式的个人修养。

　　一提到为人民服务，人们就想到周恩来总理，他生前一直在胸前佩戴着"为人民服务"的纪念章。周总理去世的时候，联合国决定降半旗志哀，有些国家的外交官不同意，当时的秘书长瓦尔德海姆说，有哪个国家的总理一生都受人民爱戴，在国外没有一分钱存款，一生只有一个女人！你们任何一个国家的元首如果做到其中一条，在他逝世之日，联合国总部将照样为他下半旗。他这么一说，反对的人都哑口无言。我国著名妇产科专家林巧稚也说过这样一句话："我从周总理身上看到一种真正高尚无私的人格……使我由信上帝变成信共产党。要说真有上帝，那么他就是我心中的上帝！"这就是人格的魅力。人确实有层次之分的，尤其是精神境界的高下，差异是很大的。报刊上刊登了这样一个故事：一对农民夫妇15岁的儿子得了一种恶性皮肤病，夫妻俩借了所有能借到的钱，领着儿子到处看病。那年冬天，在北京的一家医院里，母亲陪护儿子治疗，母子俩吃的都是从家里背来的煎饼和咸菜，大夫们实在看不下去，午餐的时候总会给他们打来两份饭菜，而母亲依旧吃着煎饼和咸菜，把另一份留给儿子晚上吃。后来，儿子的病情不断恶化，医生告诉母亲："孩子的病治不好了，维持生命需要很多的钱。"母子俩在医院走廊里哭了半宿，第二天就回家了。孩子的不幸遭遇被一些媒体报道了，好心的人们纷纷捐款，连小学生也将自己的零花钱一分一分地捐了出来。孩子在离开人世之前，把能够知道姓名的好心人记在笔记簿上，并告诉父母："我死之后，一定把这些钱还给人家。"埋葬了孩子，这对可怜的父母没有遗忘孩子的遗愿，夫妻俩变卖了家产，把一笔一笔的钱退给那些曾经帮助过他们的人。而那些无法退回的钱，他们却用来作为一个基金，谁家有病有灾的，尽可能拿去使用。其实，他们正是最需要钱的，然而，他们却帮助了那些更需要帮助的人们。这就是中国老百姓最质朴的一种境界。作为创新人才，所处的层次在社会上还是比较高的，思想觉悟也应该达到相应的水准。在新的历史时期，党性修养的主要矛盾就是先进性要求与个人主义落后性的矛盾。实践证明，一个共产党员不论职务高低、名望大小，只要他不同个人主义作长期不懈的斗争，他的先进性、革命性就会逐渐消失，落后性甚至于反动性就会逐渐增长。正如陈云同志尖锐指出的，在不少的高中级干部中间个人主义是或多或少地存在着的，只要气候适宜，只要条件具备，小个人主义可变为大个人主义。他问道：大家是为革命来的，还是为做官来的呢？起初是干革命来的，以后是革命加做官，既革命又做官。后来官越做越大，有的就只想做官、不想革命了，把革命忘光了。陈云同志指出的这些问题，可以说带有一定的规律性。幸福是什么？幸福是一种感觉。一个人很饿的时候吃第一个馒头和吃第二个馒头的感受相差很大。有些人钱很多却感到空虚，你说他是富有还是贫困？有一句话，说穷得只剩下钱了，听起来很耐人寻味。就像一个只知道拼命往家里置备东西的人，三间房子里都摆满了让人羡慕的物件时才发现，自己作为最重要的享受者，却没有了立锥之地。所以要找好感受，要有正确的幸福观。人总要有点精神的。有个谜语：你对它笑，它就对你笑，你对它哭，它就对你哭——这是什么？人们都猜：这是镜子！一个人却不动声色地回答说：这是生活。然后他又来了一句妙侃："愁眉苦脸地看生活，生活肯定愁眉不展；快乐无比地看生活，生活肯定阳光灿烂；爽朗乐观地看生活，生活肯定转瞬即逝。"这就是拉伯雷说的："生活是一面镜子，你对它笑，它就对你笑，你对它哭，它就对你哭。"罗丹说过："生命之泉，是由心中飞涌的；生命之花，是自内而外开放的。"创新人才更需要提高自己的精神境界，大力弘扬乐于奉献的精神，自觉地做一个高尚的人，一个有道德的人，一个脱离了低级趣味的人，一个有益于人民的人。

要坚持以求实为本

俗话说，火要虚，人要实。没有人拒绝才华。一个人拥有才华，却郁郁不得施展，除去环境与机遇方面的原因，也许是在品格上出了问题。品格并不能用好与坏这种二极的看法来衡量。意志力、忍耐力、协调能力、眼界等都是品格的外在表现。它与道德有关，与知识也有关，更多的时候服从于天性。天性与磨炼决定着品格。对于一个受任于危难之际的领导者来讲，通常是品格而不是才华指导他走出困境。诚实是一块画布，而品格是构图，才华是颜料。当人们只注意到画面的五彩缤纷时，会忘掉背景以及画布。但没有画布，所有的色彩都会失去依托。并非所有的人都需要别人的才华，但所有的人都看重诚实。明代有人曾讲了一个故事，说有位相士相面非常灵验，衙门师爷便将其推荐给县太爷，老爷欢喜地迎接，请他赐教。相士左看右看，说："老爷眼大无神，口大无唇，耳大无轮，鼻大无准，看来看去像个兔子。"知县老爷大怒，喝令绑了。师爷怨相士不该乱说自找麻烦。相士愿再给老爷看看。师爷便向老爷解释，相士昨晚通宵喝酒，醉眼朦胧，现在老爷发怒，他酒也醒了，愿意细看老爷尊容。老爷气解，也就给他松绑叫进来再看，相士看了半天，央求差役说："刚才的绳子还在，请老爷再把我捆上吧，因为他实在像个兔子。"相士不肯说假话，坚持以实相告。从这个故事可以看出，忠诚老实是做人的美德和品质。英国19世纪著名道德学家斯迈尔斯在《人生的职责》一书中，专门写一章"正直和诚实乃安身立命之道"，强调"诚实是坚持原则、人品正直、独立自主的核心要素"。创新的本质都是求真、求是，这就容不得半点虚伪与作假。要把事情做大，如何做人非常重要，对于领导者而言则更是如此。假如你自己是非常差的人，你就很难做到知人善任，别人也不会愿意跟着你干。因为你很阴险、很讨嫌，下属没有安全感，自然不愿意跟着你干了。做一个正直、诚实的人，也许这是最舒服的一种生活方式，也是最自然的生活方式。如果你撒谎，你就得付出维护谎言的成本，特别是在信息时代，你的谎言编得越大，维护谎言的成本就越高，有时还往往被人揭破。其实，最低成本的做人方式就是老老实实地做人。大家天天在一起，谁都能看出谁是什么样的人，谁都不傻。现在社会上假风日盛，假话、假事、假货不一而足，在这种情况下，更要提倡说老实话、办老实事、做老实人，反对投机取巧、哗众取宠、弄虚作假。前几年，世界知名的古生物学家古泊塔闭门造假被揭穿，曾引起了国际科学界的震惊。他把别人送给自己教学用的一些美国化石标本加以改造，宣称发现了新的牙形类化石，骗取了许多荣誉，成为国际知名学者。他的弄虚作假给世界古生物科学带来了混乱，要清除他的错误影响又需要不少科学家耗费许多精力。瞒人只能一时，世人是不会长久被欺骗的，到头来只会是"聪明反被聪明误"。有人说，"老实人吃亏"，现实当中有时确实也存在这样的现象。老实人吃亏不是事物的本质，老实人有时虽亏于一时，但绝不会一生吃亏。作假的虽能占便宜于一时，但绝不会一生都占便宜。人称"笑妈"的赵丽蓉有句名言，世界上没便宜可占。没准你这儿占便宜了，那儿出一个别的事儿，还是打一平手，甚至把老本搭进去。著名画家韩羽则说："我这大半生，吃亏在于老实，小便宜没沾着多少，得福也在于老实，总算没栽过大跟头。"公道自在人心，时间是最公正的裁判。林肯说过："你可以在所有的时间中欺骗某些人，你也可以在某些时间中欺骗所有的人，但你却不能在所有的时间中欺骗所有的人。"诚实的人终将取得他人的信任、敬佩和支持，虚伪的人其真实面目将暴露无遗，小则让人反感，大则身败名裂。有的人可能发生热情代替科学，好大喜功，急于求成，图虚名而不务实事，只顾当前不管长远，盲目追求"轰动效应"等问题。如果雄心脱离实际，就会导致蛮干，劳民伤财，遭受损失。1960年11月，苏联首脑赫鲁晓夫要出访美国，他要求航天部门在他抵达美国的同时，向月球发射一枚运载火箭。当时苏联月球运载火箭的发射研究可以说接近完成。然而接近完成并不等于已经完成。但是航天部门把他的要求当成了指令，那边赫鲁晓夫到了美国，这边则按时启动了发射按钮，然而火箭却静静地毫无声息，一动也不动。火箭发射司令涅杰林元帅沉不住气了，为了完成赫鲁晓夫交给的"政治任务"，他不假思索地冲向发射现场，专家和技师们一看司令冲上去了，也都一窝蜂地奔往发射场，他们要抓紧抢修，完成任务。然而正当这些人围在火箭旁各自尽力检查鼓捣的时候，火箭却突然腾空而起，瞬间又跌回大地，一声震天动地的巨响，火箭爆裂成千万个碎片，烟火中涅杰林元帅和几十名专家全部丧生。这一不幸事件使苏联丧失了一大批宇航科技精英，使其宇航事业遭受严重挫折。

要有宽阔的胸怀

古人早就说过，"志大量小无勋业可为"。历史上凡是成就了一番大业的，多是心地坦荡、胸怀宽阔的人，正所谓"将相头顶堪走马，公侯肚里好撑船"。相反，心胸狭窄，小肚鸡肠，必然难有作为，即使获得了一时的成功，也往往难以为继。宽容可以使你表现出好的性情，同时也能引发别人的回响。宽容乃是人类性格的空间。懂得宽容别人，自己的性格就有了回旋的余地。禅宗里有一则知名的公案：古代一个禅院里有一位老禅师，有一天晚上，他在院子里散步，发现墙角那边有一张椅子，他一看就知道有出家人越墙出去溜达了。这位老禅师便走过去把椅子移开，自己就地蹲在那里。过了一会儿，果然有一位小和尚踩着老禅师的背翻墙跳进了院子。当小和尚看到自己踏的不是椅子而是自己的师父时，吓得惊慌失措，张口结舌。这时，老禅师并没有厉声责备，只是以平静的语调说：夜深天凉，快去多穿一件衣裳。这位老禅师宽容了他的弟子，自己亦不陷于气急败坏，弟子因为师父给了他冷静反省的空间而醒悟。事后，老禅师没有再提这件事，可是所有的禅院弟子都知道了这件事，而且从此再没有人越墙到外头闲逛。这就是老禅师的肚量，它提供了师徒之间交往的空间，也孕育了教育与成长的机会。宽容别人之后，对方在接受洗礼的同时，自己往往也会经历一次巨大的改变，这时，宽容便成了一种可以称之为再生的净化过程。最高境界的宽容，就是宽容那些曾经伤害过我们的人。这不是一件容易的事，但是如果我们这样做了，会从中体验到我们的富有和强大。而当一个人能够宽容别人时，也必定能够宽容他自己。因为当他对自己充满信心之后，他无需去防御别人。他敢于正视自己的缺点，对一生中所遭受的不可避免的冲击和挫折具有必要的忍耐力。一个人是否宽容，可以看出他的修养功夫。能宽容有过于自己的人，对自己有成见的人，会得到更大的帮助和回报。一个人是不是胸怀宽阔，在两个问题上可以看得更为清楚：一是如何对待同行。我国物理学界的泰斗叶企孙院士，在担任清华理学院院长的时候，有几位毕业生请他吃饭，酒过三巡，叶企孙对学生们直言："我教书不好，对不住你们。"学生们相视对笑。但叶企孙接着说："可是，有一点对得住你们的，就是我请来教你们的先生，个个都比我强。"几十年之后，一位已经当上大学领导的学生给叶企孙来信，谈到那次酒后直言对他一生的影响。信中说："这些话成了我自从清华毕业之后四十多年来的工作指南。四十多年来，我可能犯过不少错误，但有一点可以告慰您，那就是我从来不搞文人相轻，从来不嫉妒比我强的人。"二是如何对待年轻人。谁赢得了年轻人，谁就赢得了未来。英国科学家戴维为科技事业发展做出了重大贡献，但当有人问他最大业绩是什么时，他的回答却是发现了法拉第。可是，人们没有想到的是，当法拉第水平不断提高、研究成果越来越多的时候，嫉妒、阻挠法拉第的恰恰是他的老师戴维。而我国德高望重的数学家苏步青先生，把培养和提携年轻人视为自己学术生命的延续，倾注全部心血扶持后人。当他的两位学生当选为院士后登门道谢时，苏老对他们说，我很高兴你们现在学术成就超过了我，但有一点你们还不如我，这就是你们的学生还没有超过你们。这才是应当学习和仿效的楷模。综观古今中外，大凡功勋卓著的人才，其思想素质的突出点就在于对事业的奉献精神。三国时诸葛亮有句名言，"非淡泊无以明志，非宁静无以致远"。我国新闻工作的老前辈邹韬奋曾经说过："一个人光溜溜地到这个世界来，最后光溜溜地离开这个世界而去。彻底地想起来，名利都是身外之物，只有尽一个人的心力，使社会上的人能得到他工作的裨益，是人生最愉快的事情。"我国第一颗原子弹于1964年10月16日爆炸，中国当时还是一个贫穷的国家，好多帝国主义国家看不起我们，当自己的原子弹爆炸后，中国人民高兴的样子很难形容。在人民大会堂召开的庆功会上，人大常委会副委员长许德珩向他身边的严济慈教授打听：原子弹是哪些人为我们研制的？严济慈教授当时大笑着说："你回去问问你的女婿。"许老的女婿是谁呀？就是研制原子弹的元勋邓稼先，他做了这么大的贡献，不去讲，不去说，就连他的岳父都不知道他所从事的工作。还有一位"两弹一星"功勋科学家王淦昌，为保密需要，从1961年至1978年，他主动改名叫王京，隐姓埋名长达17年。他们使人更加深切地懂得了什么叫不为名，不为利。淡泊明志者往往能笑对人生，他们总是将"淡泊"两字视做化悲为欢、化苦为甜、化险为夷的"清醒剂"，将功名、利禄、财富、荣誉、面子等等看得很淡很薄，以平平淡淡总是真来纯化自己的心灵和志向。孔子有一句话说得非常好，"发愤忘食，乐以忘忧，不知老之将至"，表达了对某项事业的痴迷留恋、锲而不舍、不达目的不肯轻易罢休的心态。大凡事业有所成就的人都有着强烈的敬业精神，把一生的精力专心致志于所从事的事业。如果这样做了，坚持下来了，就一定能够有所成就。

要关爱他人

人与人之间最理想的关系是什么？孔子悟出了一个字，"仁"。"仁"是他提倡的儒学的核心，他的解释是："仁者爱人"。"仁"是德的最高标准，人与人之间最理想的关系也是爱。在现代社会，很多人对此并不在乎，说什么现在的人越来越自私，其实，要真正处理好各方面的人际关系，最关键的还是要有一颗爱心。冰心老人有句名言："有了爱便有了一切"。人总是生活在一定的社会关系之中，人海茫茫，彼此能够走到一起工作，相处几年甚至十几年，整天低头不见抬头见，这是一种缘分。有这样一个真实的故事，说的是在一家医院的病房里，住着两位同样患有重病的人，这间病房只有一扇窗户，窗外的风景唯有病床靠窗的那位病人看得见。有一天，住在里面的病人向他央求道，你能给我讲讲窗外的风景是什么样吗？于是，靠在窗边的病人每天在治疗间隙，就向他讲述着窗外的一切：窗外是一个美丽的花园，花园里的花真漂亮，红的、粉的、紫的，万紫千红。靠窗的病人描述着一切，让看不见窗外风景的人心中升起无限的渴望和对生命的热爱。住在里面的病人心想，要是我能靠窗口住着，那该多好啊！一天深夜，靠窗的病人突然死去。第二天早上，住在里面的病人得到护士同意后，移到靠窗的床上。他向窗外望去，外面光秃秃的，并没有那位病人讲述的美景。这位病人心中顿时升起了对病友的怀念和崇敬。死去的那位病人确实很了不起，临死前他还为别人着想，希望别人活得好一些。这种爱是崇高的，是绝对不期望回报的。人如果有了这样的爱心，一切的名和利都不会放在眼里，也就没有什么东西能够困扰自己。

要善于"限制自己"

官位、职位像一把魔椅，总在制造幻觉。心理上有些自卑感的人，一坐上去就感觉聪明了许多，能干了许多，人缘也好了，威望似乎也长了不少。于是，独断专行、颐指气使感觉特别好。被这种"聪明"

缠晕了头，就不会记得平时经常提醒自己的那句话："谁都喜欢赞扬，谁都不乏这种技巧。"自然，也总是将"马屁精"选定为"知心人"，身边围上一群搞"服务"的、搞投机的，也会感到有了人缘。身边多出些说说笑笑的声音，尽管说笑只是因为"讲真话上边不愿听，讲假话群众不高兴，讲笑话大家都高兴"，也自觉有了魅力。即使赞扬只是对方使出的一个套子，抬着你只是为了让你"醉"得更深，也觉得是自己的威信使然。人的聪明和愚蠢也像我们这个宇宙一样在膨胀着。反省那些被"聪明"或愚蠢所溺毙的，都是不理会这种膨胀的人。略晓中国历史者肯定知道，中国历史上不仅有"民可使由之，不可使知之"的愚民政策，而且还有"不智治国"的愚官政策，无论是"愚民"还是"愚官"，说来说去离不开一个"骗"字。南宋时的大奸臣秦桧，是一个"愚官"的高手。一次，他老婆王氏陪显仁太后在后宫聊天。闲谈之中，显仁太后抱怨道，最近手下送来的子鱼很小，没有个儿大的。王氏为了讨太后的欢心，赶紧拍马屁说，妾家有子鱼，回去派人给宫中送来一百条。王氏回到家中，将此事告诉秦桧。秦桧责怪王氏失言，子鱼乃朝廷贡品，怎好自称家中比皇家还要富有。秦桧随即派手下人给显仁太后送去一百条青鱼。太后见到青鱼，便讥笑道，王氏这婆子到底是小户人家，连子鱼和青鱼都分不清，真是粗俗鄙陋。原来青鱼形似子鱼，只是比子鱼略大。秦桧这一招，既蒙蔽了太后，又掩盖了自己的贪赃奢侈，"愚官"的手法真可谓炉火纯青。如果说在权力等级方面，上级对下级处于绝对优势，那么，在目前的体制下，在信息获取方面，上级对下级则永远处于劣势。在信息时代，谁掌握了信息，谁就掌握了主动，谁就可以控制权力。因此，一旦封锁、扭曲、编造信息成为官场谋生的手段，"愚官政策"就绝对不会轻易地退出历史舞台。大凡这时，最有必要自问的就是：我是谁，我在哪里？回答这个问题，不妨先听听美国前国务卿奥尔布赖特说的那句俏皮话：当你坐到汽车后座，车子却没有开动，你就知道当官的日子结束了。别认为这是世态炎凉、人情如纸，要知道官场、职场都很讲究一个"场"字的。有些"场"本来并不存在，是"摆"出来的，是作秀。歌德说过："谁不能主宰自己，永远是个奴隶。"到过瑞士日内瓦的人都会发现，在前政府议政厅的墙壁上，挂着一幅很大的油画：一些政府官员正在倾听公民的各种意见，而他们却没有一个人是长着手臂的。这幅画的用意在于时时提醒人们，官员只有倾听公民意见的义务，而没有伸手索取的权利。增强自控能力，学会"限制自己"，是一种可贵的自律精神。经验告诉我们，一个人如果不在小的方面"限制自己"，可能就会在大的方面出问题、栽跟头。伏尔泰说过，使人疲惫的不是远方的高山，而是鞋里一粒沙子。因此，对领导干部来说，孤芳自赏，放任自己，便是失败的开始。因此，应当把"限制自己"作为一条重要的人生准则来遵循。唐人杜荀鹤写过一首诗："泾溪石险人兢慎，终岁不闻倾覆人。却是平流无石处，时时闻说有沉沦。"在现实生活中，有的人就是在各种诱惑面前管不住自己，结果难以自拔，一步步走到了政治生命的尽头。德国作家布莱希特说过："从贪欲开始就会在牢狱里告终。"人生就是一座熔炉，可以炼成钢铁，可以化为腐朽。外国小说中的一句谚语："当你把金钱看成上帝的时候，他就会像魔鬼一样折磨你。"伊索寓言中也有这么一句话："有的人想得到更多的东西，却把原来已有的东西也失去了。"无数事实告诉我们，在新的历史时期，人们面临的一个突出问题，就是如何使广大党员干部树立正确的利益观。中央电视台于黄金时段推出的电视连续剧《一代廉吏于成龙》，在观众中引起强烈反响。清代有一部并非官修的史书《国朝先正事略》，其中的《于清端公事略》记述的就是于成龙的事迹。开篇即云：于成龙于清顺治十三年以副贡知罗城县，"临行，与友书曰：某此行，绝不以温饱为念，所自信者，天理良心四字而已"。让人不禁感慨于于成龙的自信，即所谓"天理良心"，更感慨于现实生活中一些领导干部缺乏这种自信，或者说泯灭了这种自信。据《国朝先正事略》载，于成龙因在罗城县政绩卓异而升迁合州知州。罗城的百姓听说于知县要走，"遮道呼号，追送数百里"。后来，送别的百姓都回去了，却独有一盲者坚持不回。于成龙问他为何，他说道，知道大人此行，囊中所有根本不够充做到达合州的路费，只想靠自己这点儿小技，一路上挣些钱来资助一下大人。试想，在"千里来做官，为的吃和穿"和"三年清知府，十万雪花银"的封建社会，一个做了七年县令的人，临了却连赴任新职的路费都要靠一个双目失明的百姓以沿途替人算命来资助，若不是心中恪守着"天理良心"的那份自信，能到如此窘迫的地步吗？一个人为人一生，是必须要有些自信的，那么，一个人为官一场，是否更要多一些自信呢？这里的自信，不仅有通常所谓自信心的成分，更宏远的意义则是做人为官所笃奉的信条准则，是一种朴素中蕴涵着崇高的境界。细究起来，于成龙的自信亦即他信奉的为官准则，与今天对领导干部的要求相比，其起点算不上太高。但若剔除了历史局限的成分，仅从同是为官者尤其是仅从为官者都应为百姓服务、是非功过都要由百姓评说这一点而言，又有谁能说于成龙所自信的"天理良心"

不是任何时代的任何为官者都应该起码具备的一种境界，一种追求呢？若一个为官者连普通百姓都深知其意并唯恐丧失的"天理良心"都不具备，那么，他的职位再高、头上罩着的光环再耀眼，最终还是要被百姓所唾弃的。于成龙65岁受命为两江总督，赴任时只带一名随从，租驴车入城，不住装修一新的府第，拒收礼品，不吃接风宴，他以自己的廉洁和政绩赢得了康熙的信赖，被康熙称为"天下廉吏第一"。有道是："要看为官清不清，就看官囊轻不轻"。于成龙死后，人们清理他的遗物时发现，他的柳条箱里只有官袍一身、靴一双及换洗的内衣一套，此外就是数十册书籍而已。出殡那一天，江宁城中数万名百姓步行二十多里，哭声震天，竟淹没了江涛的声音。正如电视剧中的主题歌里唱的："你为的是天下，想的是社稷，苦了自己；你穿的是旧衣，吃的是粗饭，从不在意；你爱的是百姓，恨的是贪吏，一身正气；你流的是热泪，熬的是心血，勤政不息。"一个封建官吏能有这样高尚的情操和胸怀，何况现代的人呢？

后　记

　　改完最后一遍书稿，东方已隐现朝霞。是啊！我将迎来新的一天，迎来一个新的太阳。拙作《用人方略论》、《领导方略论》、《决策方略论》出版后引起的反响使我始料不及。在褒奖中又坚定了我写《创新方略论》的信念，利用业余的时间，结合工作实践有感而发。

　　人类从混荒时期到迈入文明进程，创新一刻也没有停止过。可以说，没有创新，就没有人类的发展。世界之所以美好，就在于无时无刻不有的创新。创新是一个永恒的主题，创新是一个人生进步的源泉。鲁迅先生曾说："没有新变，不以代雄。"知识经济的今天，创新愈显得更重要、更急迫，也更普遍。基于这样的思考，我对创新这一命题产生了浓厚的兴趣，于是就在这方面作了些探索。于是，就有了这本书。如果说"前三论"是在工作实践中深刻思考的产物，那么"此一论"乃至将来朦胧于脑际的几论，则想着眼于未来发展的结晶，着眼于与时俱进的结晶，这是一段时间和今后的思绪和幻念。

写作时参考了许多专家的著作和论文，从中得到不少启发，对此一并表示谢忱。感谢全国政协副主席、著名科学家朱光亚同志百忙中为之作序，并给予了我许多嘉勉和鼓励。光亚老人本身就是创新的典范，他对科学技术发展所作的贡献，一直让人非常的敬佩。他的序给笔者同时也必然给读者以创新的动力。

本书的目的并不在告诉读者新的知识，而是想引起读者对已知道的事的思考。愿我创新的探索，唤起无数创新的收获。更愿方略在手，创新拥有。

王永生

二〇〇二年八月八日